AF344009

DES

GRANDES ROUTES

ET DES

CHEMINS VICINAUX.

FONDERIE POLYAMATYPE DE MARCELLIN LEGRAND, PLASSAN ET Cie.

IMPRIMERIE DE PLASSAN ET Cie,
RUE DE VAUGIRARD, No 15.

DES
GRANDES ROUTES

ET DES

CHEMINS VICINAUX;

PROCÉDÉS LES PLUS ÉCONOMIQUES POUR LES CONSTRUIRE,

LES AMÉLIORER,

ET LES MAINTENIR CONSTAMMENT DANS LE MEILLEUR ÉTAT POSSIBLE.

PAR BERTHAULT DUCREUX,

INGÉNIEUR DES PONTS-ET-CHAUSSÉES.

———— ⁂ ————

PARIS,

CHEZ CARILLIAN GOEURY,

LIBRAIRE DES PONTS-ET-CHAUSSÉES ET DES MINES.

—

1829.

NOTICE

SUR LA MANIÈRE LA PLUS ÉCONOMIQUE DE CONSTRUIRE,
DE RÉPARER, ET D'ENTRETENIR LES GRANDES ROUTES
ET LES CHEMINS VICINAUX.

CHAPITRE PREMIER.

Considérations générales.

(1.) La notice que j'offre au public est le fruit de
l'expérience, et non l'exposé d'une théorie spécula-
tive. Son objet est de faire voir que l'on peut construire, réparer et entretenir les chemins de toute espèce, beaucoup plus facilement qu'on ne le suppose
généralement. Les questions principales que je me
suis proposé de résoudre peuvent être énoncées
comme il suit :

1°. De quelle manière agissent sur les routes les
agens qui les détériorent?

2°. Quels sont ceux de ces agens qui leur sont le
plus nuisibles, et dans quel ordre?

3°. Quelle largeur doit-on donner aux chaussées?
quelle épaisseur exigent-elles?

4°. Quelles chaussées sont préférables, de celles en empierrement, ou de celles en pavés?

5°. Quelle quantité de matériaux est nécessaire à une route pour qu'elle ne s'élève ni ne s'abaisse? ou, autrement dit, de combien s'use-t-elle annuellement?

6°. Dans quelle saison convient-il de répandre les approvisionnemens? Est-ce à l'entrée, à la sortie de l'hiver, ou à une autre époque?

7°. Convient-il de garder des matériaux pour les employer pendant l'hiver?

8°. Quelle doit être la proportion relative des matériaux et de la main-d'œuvre?

9°. Quelle nature de matériaux est la plus applicable aux besoins des routes?

10°. Quels sont les inconvéniens des accottemens? Quels sont leurs avantages? Qui des deux l'emporte?

11°. Existe-t-il quelque moyen facile d'empêcher que les cantonniers perdent une partie considérable de leur temps, soit pendant les pluies de toutes saisons, soit pendant les gelées?

12°. Quels sont les avantages du système de Mac-Adam? Quels sont ses défauts? Renferme-t-il quelques erreurs? Au fond, quelle est la base de ses succès?

13°. Est-il à propos d'apporter des modifications importantes aux dimensions, à la forme de nos routes, à la manière de les entretenir, de les soigner?

14°. Quelles seraient ces modifications? Quelles

difficultés présenterait leur mise à exécution ? Par
quel moyen pourrait-on les vaincre ?

15°. Est-ce au mode de contrôle, de surveillance?
Est-ce aux institutions, aux réglemens qu'il est le
plus à propos de toucher? Est-ce au contraire à la
partie matérielle, à celle purement mécanique?

16°. En résumé, quelles mesures convient-il de
prendre pour rétablir nos grandes routes, et obtenir
de bons chemins vicinaux?

Dans l'examen de ces diverses questions, je ne
pourrai suivre l'ordre que je viens d'indiquer, parce
qu'aucune d'elles, pour ainsi dire, n'est susceptible
d'être traitée isolément, et que leur solution doit découler d'un ensemble de faits dont chacun s'applique
à plusieurs d'entre elles. Mais la table générale donnera le moyen de trouver aisément tout ce qui concerne chacune d'elles. On me reprochera sans doute
d'être entré dans des détails bien longs, bien minutieux, bien répétés; mais on m'excusera, je l'espère,
si l'on veut bien réfléchir qu'il s'agit d'un sujet dont
la connaissance intéresse au plus haut degré la prospérité publique, et dont il importe de rendre les
principes aussi familiers, aussi populaires que possible. Je les réduirai plus tard à quelques pages,
mais il fallait d'abord les démontrer.

(II.) Je ne connais aucun ouvrage dans lequel on
ait traité, non-seulement la plupart des questions
qui précèdent, mais encore les moindres détails pratiques dont les chemins sont susceptibles. Si donc
mes observations ne sont pas exemptes de critique,

j'espère que l'absence d'aucun guide me servira d'excuse. La construction et l'entretien des routes paraissent avoir été en Angleterre l'objet de méditations et d'études nombreuses, et il est à croire qu'elles ont puissamment contribué à leur amélioration. Les travaux d'art, quoique d'une bien moindre importance, ont été constamment chez nous l'objet de presque tous les encouragemens; et Mac-Adam eût fait en France ce qu'il a fait en Angleterre, que son nom y serait probablement encore inconnu. Qui faut-il accuser de cette espèce de dédain pour les modestes chemins de terre, pour ces sources premières de toute industrie, de toute prospérité? Ce sont, comme on va le voir, les circonstances. Si, de tous temps, les travaux brillans ont été accueillis beaucoup plus favorablement chez nous, ce n'est pas même l'ancienne ostentation nationale qu'il en faut accuser; ce sont des causes moins humiliantes pour notre amour-propre. L'industrie ne s'est propagée en France que depuis un petit nombre d'années; or on ne sent pas le besoin des bonnes routes dans les pays qu'elle n'habite pas. C'est elle qui les fréquente; c'est elle qui les fatigue. En vain, à diverses époques, les directeurs des ponts et chaussées ont-ils cherché à améliorer cette partie de leur service; le public applaudissait partout à des travaux hardis et brillans; partout il semblait frappé d'indifférence pour les simples améliorations de viabilité. Au fait, de quelle utilité étaient-elles pour lui? Sur quel point de la France la circulation était-elle assez active pour proroquer cette unanimité de réclamations qui appelle les réformes? Si l'on compare le mouvement existant aujourd'hui sur les routes avec ce qu'il était il y a moins de vingt ans, quelle différence ne trouve-t-on pas! Or j'en appelle à cette seule comparaison pour justifier de ce qui précède. Les chemins médiocres sont toujours bons pour les contrées sans industrie, et dans ces contrées il faut, pour les maintenir tels, peu de soins et de dépenses. C'était naguère notre position. Plus, au contraire, un peuple avance en industrie, plus ses routes exigent de frais et de soins journaliers; voilà où nous en sommes; et ce fait seul suffirait pour nous révéler nos progrès, si tant d'autres n'étaient déjà venus les signaler. Ces considérations acquerront bientôt plus de force, mais leur donner ici plus d'étendue m'éloignerait de mon but. Qu'il me suffise de faire déjà remarquer que ce n'est pas avec les mêmes ressources que l'on peut subvenir à des dégradations toujours croissantes.

(III.) Depuis quelques années les besoins de l'industrie ont de plus en plus attiré l'attention du public sur les voies de transport, et par conséquent sur les routes. De tous les points de la France, on se plaint de leur mauvais état, et certes il faudrait s'abuser étrangement pour ne pas reconnaître dans cet accord unanime le langage de la vérité. Aussi aucune voix ne s'est-elle élevée pour infirmer ces plaintes. On ne s'occupe donc de toute part que des moyens de remédier au mal, et, par une conséquence toute naturelle, d'en rechercher les causes; car si elles restaient inconnues, le remède appliqué manquerait inévitablement son but. Mais cette recherche, pour être complète et surtout fructueuse, me paraît exiger la connaissance intime de toutes les questions auxquelles peut donner lieu le service des routes. Or, pour arriver à cette connaissance, il n'existe qu'un moyen, c'est que chaque personne qui s'est occupée de la matière vienne livrer au public le fruit de son expérience et de ses réflexions. Je me félicite d'être un des premiers à le faire; et si je puis contribuer en quelque chose à la solution du problème, je me croirai suffisamment récompensé.

(IV.) Les grandes routes ne sont pas seules aujourd'hui à fixer l'attention; les chemins vicinaux sont également l'objet d'une sollicitude toute particulière. C'est là une nouvelle preuve de l'accroissement de notre industrie, et de sa tendance à de nouveaux progrès. Une loi a été faite dans l'intérêt de ces derniers, mais, il faut en convenir, jusqu'à présent ses résultats ont été à peu près nuls. En doit-on conclure qu'il faille la modifier? je ne le pense pas. Cependant puisqu'elle n'a pas atteint son but, il est permis de croire qu'il manque quelque chose, ou à elle, ou à ceux qui en sont l'objet. Quoi qu'il en soit, je ferai voir qu'il est aisé de sortir de cet état de souffrance, sans fatiguer la législation, et avec des moyens de la plus grande simplicité. Souvent ce ne sont pas des lois qu'il faut; souvent le plus petit levier triomphe, où le plus grand a été sans effet. Pour suivre l'ordre le plus naturel et le plus couvenable, je commencerai par m'occuper des grandes routes, c'est-à-dire de celles comprises sous la dénomination de routes royales et de routes départementales. Je m'arrêterai ensuite aux chemins vicinaux. Cette division se présente d'elle-même, en raison de ce que ces deux espèces de routes forment en France deux familles essentiellement différentes.

(V.) Je ne me bornerai point à la discussion des questions ci-dessus énoncées; tout ce qui me paraîtra présenter quelque difficulté, quelque indécision dans la partie technique des routes, sera l'objet de mon examen. Un enchaînement d'idées, auquel peut-être j'ai eu tort de m'arrêter, m'a empêché de recourir à la méthode des subdivisions, qui eût rendu mon travail moins aride et moins fatigant; mais j'ai tâché d'affaiblir ces défauts, en détaillant davantage la table, et en la terminant par l'indication des paragraphes qui concernent les seize questions présentées au commencement de ce chapitre.

CHAPITRE II.

Des routes royales, et des routes départementales.

(VI.) La manière de construire et de soigner les routes a éprouvé des variations remarquables, et chaque système a eu et a encore ses partisans. Je ne m'arrêterai à l'examen des questions auxquelles ces systèmes peuvent donner lieu, qu'autant que le sujet l'exigera, et le moins longuement possible. Autrefois on donnait aux routes un bombement beaucoup plus considérable qu'aujourd'hui ; on faisait leurs chaussées bien plus épaisses ; on préférait celles en pavés, et leur cherté seule empêchait qu'on les multipliât. Aujourd'hui on adopte des dispositions absolument contraires, et cependant, comme on va le voir, nos devanciers étaient tout aussi conséquens dans leur manière d'agir que nous le sommes dans la nôtre. Comme la circulation n'était pas fréquente, que les charges étaient peu considérables, les routes se dégradaient lentement, et on jugeait peu utile de leur donner comme aujourd'hui une main d'œuvre journalière, des cantonniers, en un mot. Lorsqu'une route neuve était achevée et passablement unie, on l'abandonnait pour ainsi dire à elle-même pendant long-temps. Or, comme l'absence du travail manuel rendait inévitable la formation, au moins partielle, d'ornières et de trous ; comme de plus on avait remarqué que ces espèces de dégradations sont d'autant plus considérables que l'eau peut séjourner davantage, on facilitait son écoulement par la rapidité de la pente en travers, et on évitait que la chaussée pût être percée de part en part, en lui donnant plus d'épaisseur. Les pavages produisaient ce dernier effet d'une manière encore plus efficace ; aussi les regardait-on comme le type des bonnes routes. Du reste on apportait à ces constructions beaucoup moins de soin que de nos jours. Examinons un instant les vices principaux de cette méthode, eu égard à l'état actuel de l'industrie. Aujourd'hui la circulation est tellement active qu'il serait impossible de se passer de main-d'œuvre journalière ; et les chargemens sont trop forts, et presque toujours trop élevés pour que l'adoption d'une pente en travers un peu forte n'exposât pas les voitures à être renversées. Quant aux chaussées pavées, elles sont bien plus fatigantes, bien moins agréables pour le voyageur ; elles usent beaucoup plus les harnais et les chevaux, et donnent plus fréquemment lieu aux accidens. Pendant la belle saison elles sont inutiles, si les accolemens en terre, qui généralement les accompagnent, sont en état passable ; leur construction d'ailleurs est beaucoup plus dispendieuse, leur entretien même l'est davantage.

(VII.) Lorsqu'une route n'a de pente en travers que quatre centimètres pour mètre, les voitures peuvent circuler librement partout, et sans danger quoiqu'avec des chargemens élevés et lourds ; il y a alors sécurité pour les voyageurs et pour les marchandises. Adopter une pente plus faible n'ajouterait rien à cet avantage, et aurait l'inconvénient d'aggraver le mauvais côté de ce système. On sent en effet que, sur une surface peu inclinée, les eaux séjournent plus facilement, et que la moindre ornière suffit pour rendre leur écoulement difficile. On a recommandé néanmoins de supprimer tout-à-fait cette pente en travers dans les descentes un peu rapides ; mais il est évident qu'il ne faut pas prendre cette recommandation à la lettre ; car, le lendemain de sa mise à exécution, les descentes deviendraient creuses, soit par l'effet isolé du roulage ou des eaux, soit par leur action simultanée. Or, n'en déplaise aux partisans des chaussées creuses, il est impossible de maintenir en bon état une route qui garde son ennemi dans son sein. Réduire le bombement à deux centimètres pour mètre, doit toujours être le *minimum* ; et cette limite est, à fort peu de chose près, aussi avantageuse au roulage que l'horizontalité parfaite. En cette occasion comme en tant d'autres, le mieux est l'ennemi du bien.

(VIII.) J'ai dit qu'on faisait aujourd'hui les chaussées beaucoup moins épaisses qu'autrefois, il en résulte une économie considérable et qui certes n'est pas à dédaigner. Mais ici encore il faut adopter une limite, et mieux vaut la restreindre que la dépasser. Les chaussées d'une grande épaisseur étaient indispensables au système ancien, parce qu'elles exigeaient beaucoup moins de soin, et que, sans l'aide d'un travail journalier, elles éprouvaient peu la chance d'être défoncées, mais elles avaient le grave inconvénient d'enfouir sans utilité un capital considérable, et, ne fût-ce que sous ce rapport, le système actuel aurait un grand avantage. Remarquons d'ailleurs que le motif même de cette grande épaisseur devrait suffire aujourd'hui pour la faire proscrire. Son utilité principale consistait en effet à dispenser les routes de soins assidus, c'est-à-dire, en d'autres termes, à laisser leur bon état et leur viabilité diminuer de jour en jour, sans craindre de voir la circulation interceptée. Aujourd'hui, cette diminution de viabilité est un des inconvéniens que l'on doit le plus soigneusement éviter, non-seulement pour ses conséquences immédiates, mais encore pour ses résultats à venir. Son effet présent est de diminuer la facilité et l'agrément des communications, d'en augmenter le temps, les frais, et de causer aux attelages une détérioration notable. Les résultats à venir sont un accroissement rapide de détériorations, car, dès que la viabilité commence à souffrir, les progrès du mal sont effrayans; mais revenons à l'épaisseur des chaussées. Comme pour avoir de bonnes routes il est indispensable, quelle que soit cette épaisseur, de leur consacrer des soins assidus, de tous les instans; comme de plus l'expérience a prouvé et prouve encore chaque jour que cette épaisseur peut être assez faible, et cependant suffire aux parties même les plus fatiguées, il est évident que l'on aurait tort d'adopter les dimensions qu'exigeait l'ancien système; mais ici encore il faut prendre garde de dépasser de justes bornes; il ne faut pas perdre de vue que les routes sont susceptibles d'être négligées, et que, dans des momens de gène, les gouvernemens peuvent être contraints de diminuer leurs ressources; or, si leur résistance n'a été calculée que pour des époques ordinaires, il est évident qu'elle cessera de suffire dans ces circonstances; alors des défoncemens auront lieu, et la viabilité pourra être interrompue. Au reste, comme les dimensions qu'il est le plus à propos d'adopter dépendent aussi d'autres élémens que nous n'avons point encore examinés, ce n'est pas encore le moment de les préciser.

(IX.) Quels qu'aient été les systèmes de routes adoptés en France, on peut dire qu'elles ont toujours présenté, comme aujourd'hui, une chaussée et deux accotemens; les exceptions sont en trop petit nombre pour nous y arrêter. La largeur ordinaire des chaussées est communément de cinq mètres, quelquefois plus, rarement moins; celle des accotemens est extrêmement variable. Examinons l'utilité de chacune de ces parties. On sent aisément que les premières sont destinées plus spécialement aux époques pluvieuses, et les secondes à celles de sécheresse; mais jusqu'à quel point chacune remplit-elle cette destination? On peut assurer qu'en général il est rare

que les accotemens soient utilisés pendant six mois
de l'année, et qu'à l'époque même où ils le sont, le
gros roulage les fréquente peu, et se tient de préférence sur la chaussée. Il y a donc partout une dis-
proportion très-grande entre les degrés d'utilité des
deux parties que nous considérons. Ce n'est pas tout,
à l'époque des pluies, ces accotemens sont de suite
imprégnés d'eau, à tel point que si l'on avait eu pour
but de maintenir constamment, aussi près que possible des chaussées, leur ennemi le plus redoutable,
il eût été difficile de trouver un moyen plus sûr. Il
est tellement efficace que dans l'été même, si les
pluies se renouvellent fréquemment, il leur conserve
assez bien l'humidité, pour que quelques jours d'un
beau soleil ne puissent suffire à les en priver. S'agit-
il de faire écouler l'eau dont elles sont parfois cou-
vertes, ils lui présentent des obstacles à chaque pas.
En peu de mots, et sans parler de l'étendue considérable de terrain qu'ils enlèvent à l'agriculture, les
accotemens présentent de graves inconvéniens; et
si l'on estime à sa juste valeur, comme nous allons le
faire, le seul avantage qu'ils offrent en compensa-
tion, on sera convaincu qu'ils sont beaucoup plus
nuisibles qu'utiles. Tout ce qu'on peut dire, en effet,
en leur faveur, c'est que, pendant la belle saison, la
circulation a lieu en partie sur eux, et que par ce
motif ils soulagent l'empierrement; mais pour se
faire une idée de l'exiguité de ce soulagement, il faut
remarquer avec les personnes qui ont étudié les
routes, qu'à l'époque où il a lieu, l'effet du roulage,

comme agent destructeur, est à peu près nul. C'est au surplus ce que je prouverai, soit en examinant les causes de dégradation des routes, soit en faisant voir de combien peu elles s'usent annuellement (XXXVII); mais, en supposant même qu'il y eût exagération dans ce tableau, on ne me contestera pas que l'on paye bien chèrement l'avantage qu'ils procurent. Reste à examiner s'ils ne seraient pas un mal forcé, et s'il est possible de s'en passer; pour décider cette question, il faut d'abord reconnaître quelle largeur il est nécessaire de donner aux routes.

(X.) Chacun sait qu'il est des époques d'une durée assez longue, où, sur des points extrêmement fréquentés, les accotemens sont absolument impraticables, et ne sont même touchés que par les voitures qui ont le malheur d'y verser : donc les chaussées peuvent suffire à la circulation; donc une largeur de cinq mètres seulement serait à la rigueur nécessaire. Chacun sait également qu'un grand nombre de rues, dans des villes populeuses, et remarquables par la fréquence du roulage et l'activité de la circulation, sont maintenues à huit mètres de largeur, et souvent moins. Personne n'ignore qu'en Angleterre les routes ont rarement ces huit mètres, même aux abords des grandes villes. Pourquoi donc nos grands chemins sont-ils partout plus larges que nos rues, lorsque la grande différence de circulation devait indiquer une disposition contraire? Voici, ce me semble, les motifs que l'on en peut donner. Dans l'intérieur des villes, les rues sont pavées, et leur largeur entière est constamment livrée à la circulation; en rase campagne, les chaussées seules sont praticables pendant les pluies. Dans l'intérieur des villes, la valeur comparative des terrains est tellement considérable qu'on cherche toujours à économiser, en donnant à la voie publique le *minimum* de largeur. Les rues ont en outre l'avantage d'être soumises à une police immédiate, de tous les instans, et par conséquent les accidens et les contraventions y sont beaucoup moins à redouter. Ces raisons, la dernière surtout, ne sont pas sans force, mais on y peut répondre : que, dans les villes populeuses, le grand nombre de piétons et de voitures, l'existence des échoppes, et surtout la salubrité, exigent pour les rues fréquentées une largeur plus considérable ; que, si les contraventions y sont réprimées plus facilement, leurs causes d'existence y sont aussi plus multipliées ; enfin que si la police des routes laisse beaucoup à désirer, ce défaut n'est point inhérent à leur plus ou moins de largeur, et qu'il sera facile d'y porter remède quand on voudra, tout en les rétrécissant considérablement. D'après ces observations, il me semble donc difficile de ne pas reconnaître qu'une largeur de huit mètres serait suffisante pour la plupart d'entre elles, et que pas une ne devrait avoir plus de dix mètres en rase campagne. Si, au rétrécissement qui serait la suite de ces dimensions, on joignait encore quelques améliorations dont il sera parlé plus tard, il n'est pas douteux qu'il n'apportât la plus grande amélioration à la viabilité.

(XI.) Les personnes qui voyagent savent que ce sont presque toujours les mêmes parties qui sont fatiguées, et que le roulage ne les quitte que quand elles sont fortement dégradées; ce serait donc un grand bien que cette fatigue pût être distribuée, sinon uniformément, au moins d'une manière plus irrégulière. On obtiendra déjà beaucoup à cet égard en bornant, comme nous l'avons dit, la pente en travers à quatre centimètres pour mètre, ou au vingt-cinquième; car les voitures les plus chargées pourront suivre avec facilité une ligne quelconque, sans courir aucun danger. Mais, aux époques pluvieuses, il faut bien rester sur la chaussée, et alors se trouve grandement limitée et surtout plus difficile cette distribution uniforme de fatigue. Il n'y a qu'un moyen de l'obtenir aussi entière que possible, et de se débarrasser de ces vrais réceptacles d'humidité, les accotemens; c'est de mettre toute la route en empierrement, comme en Angleterre. Et qu'on ne se figure pas que la dépense d'entretien en sera plus grande; elle sera au contraire sensiblement moindre. En effet, toutes choses égales d'ailleurs, les dégradations sont en raison de la fréquence et de la pesanteur du roulage, et certes ce n'est pas l'accroître que de doubler, pour ainsi dire, ses moyens de circulation en remplaçant par une voie excellente un espace non-seulement impraticable, mais cause lui-même de destruction. Sans doute les cantonniers, qui en hiver ne désemparent pas de la chaussée, auront une surface plus grande à soigner; mais combien cette surface ne sera-t-elle pas moins dégradée! combien, en définitive, ne leur sera-t-il pas plus aisé de la maintenir en bon état! Or, si les dégradations sont moindres, il est palpable que la dépense d'entretien sera moindre; mais je vais plus loin, et je dis que la dépense première, celle de construction elle-même, en sera peu augmentée et quelquefois pas du tout. En effet, en général on donne aux chaussées cinq mètres de largeur, et pour qu'elles soient capables de souffrir des ornières assez profondes, quarante centimètres d'épaisseur. Si donc on voulait répartir la même quantité de pierres sur huit mètres de largeur, l'épaisseur se trouverait réduite à cinq huitièmes, c'est-à-dire à vingt-cinq centimètres. Toute la question consiste donc à savoir si une circulation qui s'exerce à peu près uniformément sur sept mètres au moins de cette chaussée, parviendrait plutôt à l'user, à la rendre impraticable, que celle de 5^{m}oo de largeur, sur o,4o d'épaisseur, avec 3^{m}oo d'accotemens; en deux mots, si la première ferait moins d'usage que la seconde. Je n'hésite pas à me prononcer pour la négative, et l'on en verra les motifs lorsque je parlerai de la manière dont les chemins se dégradent, et de la quantité dont ils s'usent annuellement. Il est d'ailleurs une remarque à faire : lorsqu'on construit une route, on commence par exécuter les terrassemens à peu près comme si elle ne devait pas recevoir de chaussée, et c'est après l'achèvement de ce travail qu'on ouvre son encaissement. Cette dernière main-d'œuvre n'existerait pas si l'empierrement devait occuper toute la surface ; c'est donc encore un avantage de ce dernier mode d'opérer. On lui en reconnaîtra d'autres plus tard.

(XII.) Je n'ai rien dit encore des fossés, mais il est clair qu'en général ils devraient aussi recevoir une diminution notable. Sur bien des points de la France ce sont de véritables précipices, et comme nous n'en manquons pas d'ailleurs, on pourrait bien se passer de ceux-ci. Le point important est de leur donner un écoulement, car, lorsqu'ils n'en ont pas, ils sont rarement assez grands, et ils entretiennent autour d'eux une humidité constante. Je pense qu'en général il conviendrait de ne leur donner qu'environ 1^{m}20 de largeur au sommet, et pas davantage de 3o à 4o centimètres de profondeur. On sent à merveille que pour cet objet il n'est pas permis d'être aussi précis sur les dimensions, attendu que le but spécial des fossés étant d'éloigner à tout prix les eaux des routes, il peut être nécessaire de les faire très-grands. Heureusement ces cas sont rares, et on doit bien chercher à les éviter. Il faut dire aussi que souvent un mètre de largeur n'est pas même nécessaire ; en général on ne s'appesantit pas assez sur l'importance de l'écoulement des eaux par les fossés ; ils sont la cause première, la base indispensable du bon état d'un chemin quelconque, partout où le sol qui le borde ne lui est pas inférieur d'au moins vingt centimètres. Une pente modérée des routes dans le sens de la longueur est, comme chacun sait, un des grands avantages qu'elles puissent posséder, et une des causes les plus puissantes d'un entretien facile. L'écoulement des eaux y est moins gêné par les ornières, et il s'y fait beaucoup plus commodément ; il est rare d'ailleurs que les localités ne leur offrent pas un débouché au bas de chaque pente. Ordinairement on croit n'avoir plus rien à faire quand on a conduit les eaux dans les fossés ; cependant il s'en faut beaucoup que cela puisse suffire : si elle y séjourne au lieu d'en être évacuée, le but n'est atteint qu'en partie.

(XIII.) Nous avons déjà examiné quelques-uns des défauts de nos routes, spécialement en ce qui concerne leurs formes et leurs dimensions. A mesure que nous avancerons, nous en reconnaîtrons d'autres dans la manière de les soigner et de les entretenir. Mais rappelons d'abord un principe qui ne souffre pas d'exceptions, et qui, bien qu'il n'ait jamais été appliqué aux chemins, leur est cependant essentiellement propre ; il peut être énoncé ainsi : plus un objet est susceptible de détériorations, d'avaries, plus il faut de soins pour les prévenir ou les arrêter. Chacun connaît ce mot de la bonne ménagère, *savoir refaire un point à temps*, et chacun apprécie sa justesse. Tous nos ouvrages sont soumis à ce principe, mais il en est peu qui doivent moins le perdre de vue que les routes, parce qu'il en est peu qui à chaque instant soient aussi exposés. Créées pour être attaquées sans cesse, ce n'est pas seulement contre les intempéries que nous devons les protéger, c'est contre une action plus permanente encore, celle même à qui elles doivent leur existence. Aussi, continuellement soumises à des dégradations journalières, ce n'est que par des réparations journalières qu'il est possible de prolonger, de renouveler leur existence. De ce fait seul découle impérieusement l'établissement d'une main-d'œuvre stationnaire, c'est-à-dire le système des cantonniers. Lorsque ce système sera mieux entendu, mieux exécuté surtout qu'il ne l'est presque partout, l'entretien des chemins cessera de présenter ces difficultés, ces obstacles, dont aujourd'hui il parait hérissé. Comme ce système seul peut offrir la garantie d'une viabilité parfaite, je me garderai bien de ne pas lui donner le temps et les détails dont je le crois susceptible.

(XIV.) L'exercice d'une industrie quelconque comprend deux objets distincts, la matière première et la main qui la met en œuvre. Le rapport qui existe entre ces deux quantités est nécessairement variable, mais on peut dire en général que, dans une même industrie, plus la dernière s'accroît par rapport à la première, et plus cette industrie se perfectionne. Si nous appliquons cette observation aux routes, nous dirons : 1° que, dans l'enfance de l'art, on se bornait à répandre sur elles de grosses pierres à peine cassées ; que peu à peu on y a ajouté davantage de main-d'œuvre, en les réduisant à un moindre volume ; que, plus tard, l'idée est venue de ne pas borner cette main-d'œuvre à celle exigée par les fournitures, et que peu à peu, quoique bien long-temps après, cette idée a donné naissance à l'institution des cantonniers ; 2° que nos chemins vicinaux qui se traînent pas à pas, quoique de loin, sur la trace des grandes routes, finiront aussi par en faire leur profit ; 5° enfin qu'au nombre des nécessités de l'époque il faut placer en première ligne, je ne dirai pas de bonnes routes, mais d'excellentes routes ; que celui qui, dans une voiture bien douce et bien roulante, a parcouru sans secousses ni cahots un certain espace, se demande pourquoi il n'en serait pas de même partout, et qu'il serait assez difficile de lui répondre ; que le nombre de ces demandeurs est déjà grand, et qu'il s'accroît rapidement chaque jour ; que l'instant n'est pas éloigné où il faudra les satisfaire ; enfin, qu'on chercherait vainement la solution du problème dans la quantité des matériaux, dans leur qualité, dans leur bon emploi ; que sa solution est tout entière dans l'augmentation de main-d'œuvre journalière. Lorsque j'aurai fait voir combien peu les routes ont besoin de matériaux, combien peu elles en usent, ces réflexions seront bien mieux senties et appréciées ; mais revenons aux cantonniers.

(XV.) Il faut d'abord convenir qu'il n'existe pas un point en France où ils soient utilisés comme ils pourraient l'être. Je n'en excepte pas même les miens, et cependant on verra par le peu de mots que j'en dirai combien peu on en trouverait à leur comparer ; et cependant un des chefs du corps disait d'eux encore, il y a peu de temps, qu'il n'en avait jamais vu nulle part employer aussi bien leur journée. J'ai voyagé et parfois je voyage encore ; j'observe toujours les cantonniers, et, je crois devoir le dire, c'est presque toujours le mot d'introuvable ou de fainéant que leur souvenir appelle sur mes lèvres. Examinons donc avec quelque attention ce que doit être un cantonnier, et comment on peut obtenir qu'il soit ce qu'il doit être. Un bon cantonnier sera toujours à son poste à l'aube du jour, et il ne le quittera qu'à la nuit; il faut qu'il prenne ses repas sur son canton même, et aux heures réglées; il faut qu'il travaille constamment, et que les instans de relâche indispensables restent inaperçus. Si quelque voyageur requiert son secours en cas d'accident, il faut qu'il s'empresse d'accourir; mais, hors cette circonstance, il ne doit apercevoir ni voitures, ni cavaliers, ni piétons. Tout entier à son travail, il ne doit voir que lui; lorsque ses chefs passent, il ne doit le savoir que quand ceux-ci lui adressent la parole. Je dois pour le moment me borner à ces réflexions sur les devoirs des cantonniers, j'y reviendrai plus tard.

(XVI.) On sent déjà toutefois que le point essentiel est que chacun de ces ouvriers donne à sa tâche tout le temps et l'activité dont il est capable par sa constitution. Toute la difficulté gît donc dans les moyens d'obtenir ce résultat, et c'est d'eux que je vais d'abord m'occuper. Le plus simple de ces moyens, qui peut prêter à la plaisanterie, mais dont j'ai beaucoup à me louer, consiste à exiger, comme je viens de le dire, que ces ouvriers ne cherchent nullement à voir les passans, et ne regardent que leur travail : sachant qu'ils peuvent être observés de plus loin que la vue peut atteindre, ils n'osent faillir, et ne perdent pas leur temps à causer, à se promener, à regarder les allans et les venans. Il convient également de les contraindre à avoir un guidon numéroté qu'ils placent sur l'arête intérieure du fossé : c'est un simple jalon surmonté d'une petite tablette peinte en couleur, sur laquelle un numéro très-apparent indique le rang de l'ouvrier. A l'aide de cet instrument, tout voyageur peut fournir aux agens de surveillance des renseignemens sur ces ouvriers. Si, par exemple, ayant vu les guidons n°s 5 et 6, il trouve le n° 8 sans intermédiaire, il dira que le cantonnier n° 7 manquait à son poste à telle heure : s'il a vu le guidon, mais non l'ouvrier, ou qu'il ait trouvé celui-ci à jaser ou à ne rien faire, il n'a pas besoin de son nom pour pouvoir en rendre compte. Ce procédé n'est malheureusement usité que sur un petit nombre de points en France ; il serait bien à désirer qu'il le fût partout. Dans quelques arrondissemens on fait mettre sur les tablettes du guidon le nom de l'ouvrier, et quelquefois en même temps le numéro de son rang ; l'addition du nom me paraît tout au moins inutile ; elle a l'inconvénient d'offrir aux mauvais plaisans un moyen de détourner le cantonnier de son travail, et il n'en a pas besoin ; quand il est renvoyé, d'ailleurs, il ne peut transmettre son guidon à son successeur sans un surcroît de dépense. Ici le mieux est encore l'ennemi du bien.

(XVII.) Indépendamment de la surveillance des ingénieurs et des conducteurs, les réglemens autorisent l'emploi d'un moyen qui n'est point assez généralement employé, il consiste à choisir parmi les cantonniers un chef qui fait de fréquentes tournées, et qui, n'ayant à en surveiller que cinq à six, et par conséquent une faible étendue de terrain à parcourir, peut cependant soigner en même temps un canton que d'ailleurs on a l'attention de proportionner aux absences que l'on veut exiger de lui. Les résultats que j'obtiens avec ces moyens sont tellement satisfaisans qu'ils ne me paraissent laisser que peu de chose à désirer; or, comme il n'est personne qui ne puisse les mettre en œuvre aussi bien que moi, j'en conclus que partout il est facile d'obtenir des cantonniers un bon emploi de leur temps. C'est pourtant là, il faut l'avouer, une des pierres d'achoppement que l'on rencontre partout. Je crois devoir ajouter que les punitions et les récompenses doivent être constamment mises en jeu. Il faut que chaque ouvrier ait la conviction que rien de ce qu'il fait n'échappe à ses chefs, et qu'il sera traité comme il l'a mérité. Beaucoup de justice, mais une sévérité inflexible doivent être à l'ordre du jour.

(XVIII.) Je dois parler maintenant d'une lacune qui existe dans l'emploi du temps des cantonniers, et qui me paraît assez importante. L'année présente bien des jours qui, en tout ou en partie, sont tellement mauvais qu'il y aurait de la barbarie et peu d'utilité à exiger d'eux qu'ils restassent sur leur canton. J'en ai vu parfois dont les vêtemens ruisselaient l'eau de toute part, et de quoi étaient-ils capables dans cet état? Exigeons donc d'un ouvrier ce qu'il peut faire, mais n'allons pas au-delà. Remarquons d'ailleurs qu'on ne saurait obtenir constamment un bon travail de celui qu'on force à rester toujours aux intempéries; indépendamment des maladies qu'on lui prépare, il est certain que, pour le moment même, il est bien moins en état de travailler les jours subséquens, et qu'on perd, sous ce rapport, beaucoup plus qu'on n'a gagné; bref, quelle que soit la conduite que l'on exige de lui à cet égard, il faut convenir que, dans l'état actuel des choses, le meilleur cantonnier perd souvent malgré lui dans l'année beaucoup de temps, et d'une manière bien plus pénible et plus coûteuse qu'en travaillant. Lorsque ses vêtemens sont percés de part en part, il faut qu'il regagne sa demeure, et si elle est éloignée, ce qui arrive souvent, peut-il être de retour à son chantier aussitôt que la pluie a cessé? C'est pourtant le moment de toute l'année où son travail est le plus utile, car il doit alors avec une activité et une promptitude infatigables faire écouler les eaux, et ne pas attendre qu'elles se soient converties en boues. Mais, me dira-t-on, comment pouvez-vous éviter cet inconvénient? N'est-il pas une conséquence forcée des intempéries, et de la destination même des cantonniers? Par les grands froids, que voulez-vous qu'ils fassent? Voici ce que je répondrai : Quelques dispositions que l'on adopte, on ne pourra certainement pas empêcher qu'il n'y ait quelques pertes de temps : il s'en trouve au sein même des établissemens les mieux surveillés, dans le ménage le mieux tenu ; ce n'est donc point en rigoriste que je veux m'exprimer ; ce que je veux dire seulement, c'est qu'on peut facilement utiliser le temps des pluies et des froids à la satisfaction commune de la société et des ouvriers. On verra la preuve de ce que j'avance (LXXIII).

(XIX.) Parmi tous les systèmes que l'on peut proposer sur une matière quelconque, celui-là n'est-il pas le meilleur dans lequel tout se lie, tout s'enchaîne naturellement, sans difficulté, sans entraves? Convaincu comme je le suis que, pour l'entretien des chemins de toute espèce, on en peut adopter un qui réunisse ces avantages, je prends pour l'indiquer le chemin qui m'y a conduit, c'est-à-dire que j'examine d'abord pas à pas les points défectueux sans m'occuper de leur amélioration isolée, et dans le but d'en former un ensemble qui puisse mieux faire juger ce qui convient à tous. Par cette manière de procéder nous découvrirons certainement le moyen de tirer le meilleur parti possible des ouvriers et des matériaux. Aujourd'hui il est pleinement démontré, en pratique comme en théorie, que l'agriculture pour être profitable doit être traitée avec la même régularité, la même sécurité dans sa marche que les manufactures, les fabriques les mieux organisées. Serait-il donc impossible pour les chemins, je ne dis pas d'arriver à cette perfection, mais au moins de sortir de l'espèce de chaos et de vague dans lequel nous nous trouvons? L'agriculture n'en était-elle pas au même point, il y a peu d'années, et n'y est-elle pas encore presque partout ?

(XX.) Nous nous sommes plus spécialement occupés jusqu'ici des formes des routes, et des ouvriers auxquels leur entretien est confié ; examinons à présent les matériaux et leur emploi, et pour juger plus sainement les questions auxquelles ils peuvent donner lieu, commençons par nous rendre compte de la manière dont les routes se détériorent ; car, pour modifier ou détruire un effet quelconque, il importe toujours de connaître ses causes et leur mode d'action. Les causes de détérioration de tous les chemins sont les pluies, l'humidité, la gelée et la circulation. S'il en existe d'autres, elles ne sont pas encore connues, et il serait facile de démontrer, par des faits journaliers, que leur influence n'est pas appréciable. Ces causes sont celles généralement admises ; mais, quant à leur mode d'action, nous ne sachions pas qu'il ait été étudié. Les réflexions auxquelles nous allons nous livrer à son sujet ne feront que l'effleurer, mais elles suffiront pour jeter quelque lumière sur la tâche que nous avons entreprise.

(XXI.) L'action des agens destructeurs que nous venons de citer est modifiée d'une manière remarquable par l'espèce de routes, la nature du sol, celle des matériaux, leur mode d'emploi, celui de l'entretien, les pentes et les rampes, l'exposition, la nature des vents régnans, le voisinage des rivières ou des montagnes, la fréquence du roulage, etc. Il résulte de cette grande variété de circonstances accessoires, que l'action dont il s'agit est moins facile à reconnaître et à isoler. Tout le monde sait que les pluies pénètrent plus ou moins le sol des routes, qu'elles le ramollissent, et le rendent plus pénétrable aux roues; que la gelée fait éclater, déliter, effeuiller certaines parties de leur substance; que la circulation les fatigue, les use, souvent les pénètre et les laboure; mais est-il résulté de cette connaissance quelque principe important, pour la manière de les soigner? Il me semble permis d'en douter. Voyons si, en examinant de plus près la manière dont les dégradations ont lieu, on ne peut pas en obtenir quelque éclaircissement sur le moyen de les prévenir, et quand elles existent, de les réparer. Citons d'abord les faits qui nous paraissent le mieux établis.

(XXII.) Lorsqu'on compare les routes pavées avec celles en empierrement ou en gravelage, on reconnaît les faits suivans : Pendant la belle saison (je les suppose les unes et les autres bien entretenues et bien soignées) ces deux espèces de routes sont en bon état; la première est, comme le comporte sa nature, très-cahotante, mais sans poussière; elle paraît ne pas s'user d'une manière appréciable, et si l'on observe les mêmes pavés pendant plusieurs années, on reconnaît que, lorsqu'ils sont de bonne qualité, ils perdent rarement une couche d'un millimètre d'épaisseur par an, même sur des routes fréquentées. La seconde est extrêmement polie, elle est souvent unie comme une glace, et ne donne pas lieu aux plus légers cahots; mais elle est presque toujours couverte de poussière, parfois même au point de fatiguer beaucoup les voyageurs; les accotemens de l'une et de l'autre sont d'ailleurs en bon état, et d'autant plus poudreux qu'ils sont plus fréquentés. A parité du sol, ceux de la première espèce le sont généralement moins, parce que leur chaussée ne l'est pas. Ce n'est pas encore ici le cas de fournir des données positives sur l'usure qu'éprouve la chaussée de la seconde espèce de routes, mais nous pouvons déjà faire voir, par une observation bien simple, que pendant la belle saison elle est extrêmement minime. J'ai remarqué, et beaucoup de personnes l'ont fait comme moi, que dans des parties pavées, et en plaine, où par conséquent les accotemens sont peu sujets à être entraînés par les eaux, j'ai remarqué, dis-je, que ces accotemens peuvent se passer de rechargemens pendant de longues années, conséquemment qu'ils sont très-peu dégradés par la circulation. Or combien la différence n'est-elle pas grande entre la résistance d'un chemin de terre et celle d'une chaussée en empierrement! Les accotemens n'étant fréquentés, et ne pouvant l'être que pendant la belle saison, il s'ensuit évidemment qu'à cette époque de l'année, l'usure qu'éprouvent les routes un peu soignées est extrêmement faible. Il est sans doute bien facile d'expliquer ce résultat, et on le comprendra de mieux en mieux à mesure que nous avancerons; mais il n'était pas sans importance de le constater. Sans doute la poussière qui, pendant le printemps et l'été, règne presque constamment sur les routes, bien que fréquemment enlevée par les vents, est une preuve de l'usure ; mais il suffit d'une épaisseur si mince de matière pour produire une grande quantité de poussière, que ce fait ne saurait affaiblir l'énoncé qui précède. Au surplus, continuons notre examen.

(XXIII.) Pendant les temps secs, une route en empierrement bien soignée, et par conséquent sans ornières, sans pierres errantes, sans inégalités fortes, n'éprouve point de chocs ; les voitures roulent doucement sur sa surface, et y exercent un frottement si faible, qu'il faut un bien long temps et un renouvellement fréquent pour en rendre l'effet sensible. La poussière même la protége, et forme pour elle un vrai matelas qui dédommage un peu le voyageur de l'incommodité qu'elle lui cause. Lorsque la chaussée a été formée, ou rechargée avec des matériaux un peu trop gros, comme ceux, du reste, qu'on emploie encore dans presque toute la France, lors surtout qu'ils sont un peu durs ou que le roulage habituel est peu pesant, la surface est raboteuse et elle cause au voyageur à peu près le même frémissement que ferait un pavage bien fait en cailloux roulés d'une petite dimension. Cet effet est d'autant plus prononcé, que les pierres employées ont été plus grosses et plus dures, et que le roulage a été plus faible. Dans tous les cas, une chaussée semblable est déjà beaucoup moins agréable que celle dont nous venons de par-

ler; elle a de plus l'inconvénient de se dégrader plus
tôt, parce qu'elle donne lieu à des chocs, et que, malgré leur faiblesse, ils n'en sont pas moins des forces
vives.

(XXIV.) Faisons un pas de plus vers les mauvaises
routes, et supposons qu'on y laisse des pierres errantes, ainsi que cela n'a lieu que trop souvent ; ces
pierres rencontrées par les roues donnent lieu à des
chocs bien autrement nuisibles que les précédens ;
ce sont de vrais cahots. Quand elles ont peu de dureté, le mal est moins grand, parce qu'elles sont prompte-
tement écrasées; mais, dans le cas contraire, elles sont
promenées d'un point à un autre, et plus leur trajet
est long, plus elles font de mal, parce que à chaque
pas elles laissent leur trace. Ces pierres sont le plus
souvent jetées par les laboureurs, et elles sont d'ordinaire assez dures, attendu qu'ayant été tantôt en-
fouies, tantôt à l'air, elles ont résisté aux chocs de la
charrue et aux intempéries. Un cantonnier intelli-
gent a grand soin de les ramasser et de les réunir par
petits tas hors de la portée des roues. On pourrait
sans doute interdire aux riverains ces petits cadeaux,
mais indépendamment de la difficulté de réussite, ce
serait, je crois, un mal; car, d'une part, le cultivateur
y trouve son compte, ce qui est bien quelque chose,
et, d'autre part, les routes y gagnent des matériaux
qui ne sont pas à dédaigner. Le peu de terre qu'elles
leur apportent est un si faible inconvénient que ce
n'est pas la peine d'en parler.

(XXV.) La circulation a lieu généralement sur le milieu de la chaussée, parce que c'est effectivement sa position la plus avantageuse. Que résulte-t-il de là ? que les roues suivent constamment le même tracé, et qu'elles finissent par créer deux ornières. Voilà l'époque à laquelle commence le mal, et on ne peut assez tôt y porter remède. Tant qu'il n'y a pas de frayé isolé et distinct, la fatigue se distribue, sinon uniformément, au moins avec assez de variété pour que les traces des roues s'avoisinent ou s'entre-croisent sans entamer aucunement la route ; elles ne sont même visibles dans les temps secs que par le poli que les roues impriment sur la poussière. Cette variété de répartition dans la fatigue est, comme chacun le conçoit aisément, ce qu'il y a de plus important à obtenir, et plus son champ d'exercice sera étendu, moins il y aura de chances à formation d'ornières. Il en existerait même bien moins s'il y avait seulement un peu plus de diversité dans cette répartition. Mais on peut dire en général qu'il y a de chaque côté de l'axe une partie assez étroite qui est beaucoup plus fréquentée que toutes les autres réunies. Sous ce point de vue, il serait à désirer qu'il existât des différences sensibles dans la largeur de voie des roues des voitures. Nous avons déjà indiqué deux moyens de concourir au même but, qui sont de rendre les chaussées beaucoup plus plates, en réduisant leur bombement à quatre centimètres par mètre, et de construire en empierrement toute la largeur des routes. Un troisième moyen consiste à faire disparaître les ornières au moment même où elles se forment, et lorsqu'elles sont bien prononcées, à rabattre les bourrelets dans leur intérieur.

(XXVI.) C'est ici le cas de parler d'un principe susceptible de nombreuses applications ; il peut être énoncé ainsi : il en coûte toujours beaucoup plus pour réparer une dégradation que pour la prévenir. Il est peu d'exemples peut-être auxquels ce principe s'adapte mieux qu'à celui qui nous occupe ; aussi nous y arrêterons-nous quelques instans. Une route que l'on a pu entretenir très-facilement en bon état, pendant la belle saison, commence à présenter plus de difficultés dès que le moment des pluies arrive. La chaussée, qui, dans toute son étendue, était ferme et dure, se laisse peu à peu attendrir dans quelques-unes de ses parties. Si les ouvriers chargés de faire écouler les eaux sont en petit nombre, elles séjournent plus long-temps, se convertissent promptement en boue, et, maintenant le sol dans une humidité constante, facilitent singulièrement l'effet destructeur des roues. Si, au contraire, ils sont assez multipliés, ils ont d'autant plus vite opéré l'écoulement qu'ayant pu, en raison même de leur nombre, détruire aisément les ornières à leur naissance, les eaux éprouvent beaucoup moins de difficultés à se rendre d'elles-mêmes dans les fossés. Si elles séjournent quelque part, ce ne peut être qu'en couches très-minces, et alors le racloir, la pelle ou un balai, la dispersent en un instant. Dans cet état, quelques heures de soleil, d'un vent desséchant, ou d'un air sec, suffisent pour donner lieu à une amélioration notable, surtout s'il y a peu ou point d'arbres dans les environs. Leur effet fût resté inaperçu sur une surface boueuse ou très-mouillée. Si on a laissé se former des ornières, si surtout on n'a pu empêcher qu'elles se creusent, une nuée d'ouvriers ne saurait parvenir à remédier au mal; à peine suffira-t-elle à l'empêcher de faire de nouveaux progrès. On ne saurait trop le répéter, il en coûtera toujours beaucoup moins pour empêcher les dégradations que pour les réparer; mais, en supposant même que la dépense fût égale, il existe d'autres causes d'inégalités qui, pour être trop négligées dans la balance, n'en sont pas moins du plus haut intérêt; ce sont les retards et les pertes du roulage et des voyageurs, inévitables sur les routes dégradées.

(XXVII.) Au nombre des conclusions qu'on peut tirer de ce qui précède, il en est plusieurs qui concernent les deux principaux agens destructeurs des routes, l'eau et la circulation. Puisque cette dernière ne fait point ou presque point de mal, dans les temps secs, à un chemin bien soigné, il est clair qu'elle n'est nuisible que par la présence de l'eau, et que sans elle rien ne serait plus facile que d'avoir constamment de bonnes routes. Mais quel est, au juste, le mode d'action de cette eau? Car si, à l'aide du roulage, elle creuse des ornières sur les accotemens et sur les chaussées en empierrement, elle ne produit pas cet effet sur les routes pavées. En examinant la formation des empierremens, il ne sera pas difficile de s'en rendre compte. Malgré tout le soin que l'on peut apporter à leur confection, ils sont par leur nature même hérissés d'aspérités à leur naissance ; peu à peu la pression produite par le roulage force les pierres à s'enchevêtrer les unes dans les autres ; quelques-unes sont brisées, d'autres simplement poussées et écornées. Si cet effet était le seul produit, il n'en resterait pas moins un grand nombre de petits vides, et parfois même de très-sensibles ; mais il n'en est pas ainsi : le frottement des pierres les unes contre les autres, et surtout celui des roues contre leurs parties angulaires en détache promptement de petits éclats et des poussières de toutes grosseurs. Ces débris sont peu à peu entraînés dans les vides inférieurs, tant par leur propre poids que par les pluies, et c'est de cette manière que se forment à la longue ces empierremens.

(XXVIII.) Lorsque les matériaux qu'on emploie à leur établissement sont d'une grande dureté, et que le roulage n'est ni fréquent ni lourd, la pierre doit être cassée à de bien faibles dimensions, au moins dans la couche supérieure, et, malgré cette précaution encore, s'écoule-t-il bien du temps avant que la surface puisse être polie, et les vides intérieurs remplis. Dans ces circonstances, les nouveaux pleins ne sont pas seulement formés avec les débris de la pierre, ils le sont encore avec les poussières de toute nature entraînées par les vents, et avec la boue amenée par les piétons et les attelages. Disons, en passant, que, dans les cas de cette nature, des matériaux moins résistans peuvent être préférables, parce qu'ils retardent moins la jouissance et sont d'ailleurs d'un assez bon usage. J'ai vu des parties de routes, fatiguées par un fort roulage, qui, pour avoir été rechargées avec des matériaux trop durs, quoique bien cassés, restaient constamment cahotantes. Nous verrons plus tard qu'il est toujours facile de remédier à cet inconvénient; mais revenons à la manière dont les empierremens se forment, se durcissent et se dégradent.

(XXIX.) Les pierres qui les composent sont, comme on l'a vu, simplement réunies par leurs propres détritus, toujours plus ou moins mêlés accidentellement de corps étrangers. La pression seule a formé leur réunion, et aucune force chimique probablement ne s'y est associée. Si l'on y fait une ouverture, ce n'est souvent qu'avec beaucoup de peine, et les débris qu'on en retire présentent parfois dans l'état sec une ténacité remarquable; mais dès qu'ils sont immergés, ou seulement humides, cette ténacité devient presque nulle. Ce résultat était facile à prévoir, et, comme on le devine bien, il n'est pas démenti par ce qui passe sur les routes. Dès qu'elles sont mouillées ou simplement humides, l'eau s'insinue entre les pores des pierres et de la poudre qui les lie, elle les attendrit et met en pâte cette dernière. Cet effet a lieu d'abord à la superficie ; il remet de nouveau, pour ainsi dire, à nu les parties anguleuses, rend chaque pierre plus susceptible d'être dérangée et brisée par le choc et la pression, permet à l'humidité de l'environner de toute part, de la pénétrer ; en deux mots, la rend bien plus facilement attaquable. Les scieurs et les polisseurs de pierres connaissent très-bien cet effet de l'eau, et ils s'en servent pour abréger considérablement leur travail. Il paraît qu'en général les pierres argileuses et les pierres calcaires sont celles qui possèdent au plus haut degré cette propriété, mais nous verrons en parlant de la nature des matériaux, que le désavantage qui en résulte est compensé bien au-delà, pour les pierres calcaires, par des qualités particulières qui les rendent généralement plus convenables à la formation des routes.

(XXX.) D'après ce que nous venons de dire il est aisé de prévoir quel doit être l'effet du roulage. Lorsque le corps poudreux est ramolli, la pression des roues fait d'abord enfoncer légèrement les pierres, et par conséquent refluer la pâte terreuse qui les sépare ; il doit donc y avoir d'abord formation de boue plus épaisse, puis lorsque les roues suivent un même tracé, création de petits bourrelets composés presque uniquement de pâte fine, à peine mélangée de parties graveleuses. Si les pluies cessent, et qu'il vienne un temps sec, le mal s'arrête ; si l'humidité continue de régner, il fait de nouveaux progrès ; les graviers fins, puis les petites pierres commencent à être déplacés ; les roues étroites et celles à jantes larges, se succédant indistinctement, exercent sur les matériaux des pressions en sens divers, et finissent par déranger ceux dont la position est la moins favorable. C'est alors que le règne des dégradations est arrivé, et qu'elles marchent avec rapidité. Les ouvriers, qui n'ont pu suffire précédemment à éloigner ou à disperser les eaux, peuvent bien moins y parvenir alors; les roues, qui d'abord n'agissaient que par le frottement et la pression de leur circonférence, commencent à exercer latéralement un effet d'autant plus énergique qu'il a acquis la puissance du levier, et que ce levier s'allonge de la quantité même dont l'ornière s'approfondit. Une ornière succède à une autre, et de véritables sillons se forment partout. Si, à cette époque, on ne touche pas encore à la belle saison, s'il ne survient pas un temps sec, ou des gelées qui donnent aux ouvriers le temps de porter remède au mal, on ne peut parvenir à le réparer. On rabat les bourrelets dans les ornières, mais ils forment avec l'eau et la boue une pâte sans fermeté, et ils sont promptement repoussés au dehors. Des matériaux neufs, surtout s'ils sont bien anguleux, bien secs, et pas trop fins, peuvent faire alors beaucoup de bien; ils ne sauraient former une bonne route, mais ils la rendent moins mauvaise. Aussi, lorsqu'on voudra ne donner aux chemins que peu de main d'œuvre, que des soins peu assidus, il sera fort à propos de réserver des approvisionnemens pour les temps de pluie. Cette méthode, comme on s'en convaincra de plus en plus, est très-mauvaise, très-dispendieuse, et doit être proscrite ; mais j'ai dû en parler parce que, dans quelques circonstances accidentelles, elle peut trouver son application. Faisons d'ailleurs observer qu'elle était très-convenable dans l'ancien système, où la main d'œuvre journalière n'était pas en usage.

(XXXI.) D'après ce qui précède, il nous reste peu de chose à dire pour apprécier suffisamment le mode d'action des agens destructeurs des routes. Nous avons examiné celui de la circulation et celui des eaux, nous n'avons plus qu'à parler de celui de la gelée. En général, on la considère comme très-préjudiciable aux chemins ; mais j'espère faire voir que c'est à tort pour ceux qui sont en empierremens, c'est-à-dire pour le plus grand nombre. Je dis même plus, je pense qu'elle leur est avantageuse. Que se passe-t-il en effet quand il vient des gelées, et surtout qu'elles se prolongent des dix, quinze jours, et plus ? Tout alors devient ferme et solide, et ce qui déjà est un très-grand avantage, le roulage ne fait plus de mal. De plus, les ouvriers peuvent sortir la glace des ornières, y rabattre les bourrelets, et unir toute la chaussée. Les voitures alors commencent à circuler indistinctement sur toute sa surface, et, au bout de quelque temps, une route est aussi belle, aussi lisse que dans les plus beaux jours de l'été. Aussi, dès que la mauvaise saison arrive, désiré-je avec ardeur les gelées ; si elles se prononcent de bonne heure, si elles se renouvellent de temps à autre, je suis sûr de maintenir mes routes en état passable pendant toute la mauvaise saison, malgré le système vicieux auquel elles sont soumises.

(XXXII.) Mais, me dira-t-on, lorsque le dégel arrive, tout doit de nouveau se remettre en boue, car le peu de glace que vous avez enlevé n'a pas fait disparaitre celle que renfermaient les bourrelets, et que vous avez rabattue dans les ornières. Je n'en disconviendrai pas ; mais voici ce que je répondrai : Par le fait du nouveau poli qu'ont reçu les routes, les chevaux ont pu poser le pied librement et commodément partout ; ils ont changé le frayé, et les roues ne fatigant plus les parties qu'elles avaient sillonnées, il est palpable que la viabilité a éprouvé une amélioration. Nous voulons bien admettre, répliquera-t-on, que les choses se passent ainsi le plus souvent ; toutefois il n'est pas moins constant que la gelée attaque la plupart des pierres communes, qu'elle les effeuille et les délite, au moins à la surface, et que, comme la plupart des pierres employées sur les chemins sont de cette espèce, il s'ensuit tout naturellement qu'ils doivent participer de cet effet. Je serais disposé à le croire, répondrai-je, mais je dois demeurer dans le doute par les motifs suivans : Si le mode d'action de la gelée sur les routes est tel que vous venez de l'indiquer, il doit s'exercer sur celles qui sont le moins fatiguées, à peu près comme sur celles qui le sont le plus ; or, parmi des chemins que je surveille depuis cinq ans, et qui presque tous étaient dans un état affreux, il en est plusieurs sur lesquels je n'ai point fait mettre d'approvisionnemens, et qui n'en avaient pas reçu, plusieurs années avant moi ; ils se sont améliorés d'année en année, et ils sont aujourd'hui superbes. Or, si l'effet de la gelée était si fort à redouter, n'auraient-ils pas exigé quelques nouvelles fournitures? J'ai en outre observé, avant et après les gelées, des pavés de différente nature, calcaires et siliceux, et je les ai rarement vus attaqués. Étaient-ils tous formés de pierres non gélisses? La chose est possible, mais peu probable. Sans doute on me demandera comment je puis concevoir qu'une pierre qui eût été attaquable si elle n'eût pas été employée comme pavé, aurait cessé de l'être en raison de cette destination. Je répondrai d'abord que je suis loin d'assurer le fait, et que je me borne à rendre compte des idées que l'observation a fait naître chez moi. J'ajouterai ensuite que si l'existence de ce fait était démontrée, on trouverait sans doute les motifs qui vont suivre bien suffisans, pour en concevoir la possibilité. Un pavé reçoit de fortes pressions, il éprouve un frottement considérable qui diminue toujours sa rugosité, et le polit souvent d'une façon remarquable; ces deux actions qui, peut-être modifient ses pores, y font certainement pénétrer avec beaucoup de force la poussière ou la pâte qui souvent le recouvre; enfin les excrémens des animaux, si efficaces contre l'eau dans tant de circonstances, peuvent encore modifier la réaction, la résistance dont sa superficie était susceptible. Je n'insisterai pas sur ces réflexions, mais je crois devoir répéter que si la gelée fait du mal aux routes, j'ai toujours trouvé qu'elle leur faisait beaucoup de bien. Il n'est pas question comme bien on pense des chaussées pavées, qui souvent, par la nature et la finesse du sable employé à leur confection, comme par celle du terrain qui leur sert de base, sont fortement détériorées par son action.

(XXXIII.) J'ai dit qu'il était de la plus haute importance d'empêcher la formation des ornières, et qu'il en coûtait moins pour obtenir cet effet que pour les réparer convenablement. On verra dans peu les motifs et les conséquences de ce principe. Il est d'abord un fait constant, c'est que pour empêcher, ou au moins réduire à peu de chose la formation des ornières, il faudra employer beaucoup plus de main d'œuvre pendant les pluies que pendant les beaux jours. On ne manquera donc pas de me faire les objections suivantes : Les époques de pluies sont très-variables ; elles ont lieu le plus généralement en automne et au printemps, mais c'est souvent en hiver, parfois dans l'été ; comment donc ferez-vous la distribution de cette main d'œuvre ? A l'époque où il viendra des pluies, et où vous voudrez donner des ouvriers auxiliaires à vos cantonniers, les travaux de la campagne exigeront souvent tous les bras ; d'ailleurs il faut du temps pour se procurer ces ouvriers, et quand il s'agit de faire écouler les eaux, on n'est jamais assez pressé, on n'a jamais assez de temps. Les auxiliaires que vous aurez pris seront toujours plus ou moins empruntés pour un travail qu'ils n'ont jamais fait. Vous savez d'ailleurs que des manouvriers qui n'ont aucun intérêt à une besogne la font presque toujours mal ; donnez-leur des ouvrages à la tâche, comme des cassages de matériaux, des déblais ou des remblais, des transports, etc., à la bonne heure; mais un ouvrage de soin, et qui ne laisse pas que d'exiger de l'intelligence, vous êtes sûr qu'il sera mal fait, souvent très-mal, et toujours fort chèrement. Ces observations me paraissent pleines de justesse; mais comme le moyen que j'emploierai n'y donnera pas lieu, je ne les prolongerai pas; je ne les ai même un peu détaillées que pour éviter une contre-attaque. Comme un travail quelconque n'est jamais fait aussi bien, aussi promptement, avec autant d'économie que par celui qui en a l'habitude, je ne prendrai jamais d'auxiliaires, j'aurai seulement un nombre suffisant de cantonniers à l'année, et eux seuls feront tout mon ouvrage. Avec une semblable méthode, me dira-t-on, il vous faudrait tripler le nombre de vos cantonniers; et que ferez-vous de tout ce monde pendant l'été? Aujourd'hui qu'ils sont bien moins multipliés, il y a des départemens où on les supprime pendant une partie de cette saison. Je trouverai, répondrai-je, le moyen de les occuper très-utilement, et de ne pas même leur laisser perdre le temps des grandes pluies et des fortes gelées; mais je n'en parle pas encore, parce que je veux suivre la marche que j'ai adoptée dès le commencement de cette notice, et que je dois auparavant achever d'indiquer les défauts du système actuel.

(XXXIV.) Une des opérations les plus importantes des routes, comme on va le voir, et pourtant l'une des plus mal faites, est celle du répandage des matériaux. D'après les méthodes du jour, on n'a presque nulle part assez de fonds pour faire des approvisionnemens considérables, et, par ce motif, on se croit forcé de les distribuer un peu partout, en ayant seulement quelque égard aux mauvais pas. Il en résulte que la majeure partie des fournitures ne remplit pas son but, et que les trois quarts, je devrais dire plus, sont perdus sans utilité. Expliquons-nous : je suppose que les pierres à répandre aient été passablement cassées, et que les plus grosses n'aient pas plus de cinq centimètres de longueur dans leur plus forte dimension (ce qui est fort rare) ; je suppose de plus qu'elles doivent être répandues sur une chaussée de cinq mètres de largeur. (Toutes celles des grandes routes ont au moins cette dimension.) Avec ces données, je dis que les fournitures devraient être telles que tous les trois mètres courans il y eût un mètre cube, et cela, quels que soient la fréquence et le poids du roulage. En effet, un mètre cube de pierres réduites à la grosseur que j'ai indiquée, si on en déduit les vides, non pas de leurs pores, mais simplement de l'espace compris entre elles, ne représente de plein qu'un demi-mètre, et moins encore quand le cassage est plus mal fait. Des expériences très-faciles, et dont je rendrai un compte succinct, mais bien suffisant, m'ont démontré l'exactitude de cette proportion : quelques variations sont inévitables, mais en général, elles sont faibles. Or, si on répand ce demi-mètre de plein sur trois mètres courans, c'est-à-dire sur quinze mètres superficiels, il ne formera qu'une cou-

che de trois centimètres et un tiers d'épaisseur, et
comme chaque pierre avait environ cinq centimètres
de diamètre, il s'ensuit que chacune d'elles doit être
à peu près ramenée à cette dimension de trois centimètres et un tiers, soit en pénétrant dans la chaussée, soit en s'écornant, soit en se brisant. On conçoit
aisément que ce résultat puisse avoir lieu dans le cas
actuel, et que les trois causes ci-dessus énoncées
aient pour effet de produire la diminution forcée d'un
centimètre deux tiers dans la hauteur ; d'ailleurs la
poudre sablonneuse qui se forme et qui occupe les
vides, n'ayant pas la densité de la pierre dont elle pro-
vient, il s'ensuit que la couche formée est un peu
plus épaisse que trois centimètres un tiers, et qu'en
conséquence chaque pierre doit éprouver moins de
froissement et de perte pour se caser. Mais si, au
lieu d'employer une quantité de matériaux aussi
considérable que nous venons de l'indiquer, on en
met moitié moins, il est clair qu'ils finiront par être
broyés et pulvérisés, puisqu'il faudra de nécessité
qu'ils se réduisent à une couche de moins de deux
centimètres. Que sera-ce donc si la quantité est
moindre encore, et surtout si la pierre est plus mal
cassée? Or, il faut l'avouer, presque nulle part elle
n'est réduite à une aussi faible dimension, et partout, à peu près, elle est encore plus disséminée.
Concluons-en donc, comme déjà nous l'avons fait,
que la plus grande partie des approvisionnemens est
consommée sans utilité et même avec perte ; je dis
avec perte, car il faut une certaine force pour opérer

ce broyage, et ce sont les chevaux qui la fournissent au détriment de l'effet qu'on leur demande. Le mieux idéal serait qu'aucune pierre ne fût brisée, et que cependant les routes fussent bien polies. Tout ce qui peut tendre à se rapprocher de ce mieux est donc un bien, pourvu que, sous d'autres rapports, il n'en résulte pas une perte plus grande.

(XXXV.) Ainsi donc il est convenable, dans le répandage de la pierre, de la disséminer d'autant moins, de la rapprocher d'autant plus, que le cassage a été plus mal fait. On voit déjà par là de quelle importance est l'exiguïté du cassage ; et cependant combien de personnes encore y ajoutent peu d'intérêt ! Si, au lieu de n'être réduite qu'à cinq centimètres de diamètre, la pierre l'eût été à trois, on eût pu se borner à un mètre cube tous les cinq mètres, au lieu de trois. La couche obtenue eût été, il est vrai, plus mince, mais le but eût été encore mieux rempli sous le rapport de la commodité du roulage, attendu qu'il s'opère d'autant plus aisément que les pierres sont plus petites. On me répondra, je le sens, que si je ne puis faire de bonnes routes qu'avec des amas de matériaux, ce n'était pas la peine de prendre la plume, et surtout de m'expliquer si longuement ; mais je prie le lecteur de prendre patience, car mon but est précisément de lui faire voir qu'on peut obtenir ce résultat en employant bien moins de matériaux qu'on ne fait généralement.

(XXXVI.) Le point important, et l'on verra que

tout en découle immédiatement, est de connaître par expérience l'usure annuelle des routes, eu égard à la fréquence du roulage et à la nature des matériaux employés. Je présenterai bientôt quelques données sur cette matière ; mais, en attendant, raisonnons par hypothèse, et supposons qu'il s'agisse d'une route qui, étant bien soignée, bien entretenue, use chaque année une couche d'un centimètre d'épaisseur. On voit déjà, d'après le paragraphe précédent, que pour obtenir une semblable épaisseur avec fruit, et sans faire réduire les matériaux en poudre, il faudrait les faire casser à une épaisseur par trop minime. Comment donc éviter cet inconvénient? Rien n'est plus facile ; mais commençons par adopter une grosseur moyenne de cassage, qui s'adapte assez bien avec la nature des pierres le plus en usage, et avec la facilité du roulage. Je pense que la grosseur de quatre centimètres de côté au plus ne devrait souffrir que peu d'exceptions, et qu'elle s'adapte très-bien aux conditions à remplir. Prenons donc cette dimension pour guide. D'après ce qui a été dit (XXXIV), il faudra, sur une chaussée de cinq mètres de largeur, répandre un mètre cube tous les quatre mètres courans environ, et il en résultera une couche de près de trois centimètres d'épaisseur. Mais nous n'avons besoin annuellement que d'un centimètre ; donc il faudra diviser chaque portion de route par sections, et n'approvisionner chacune d'elles que tous les trois ans. Rien ne sera plus aisé, et cet aménagement sera avantageux sous tous les rapports.

On conçoit à merveille qu'il en sera de même pour tous les autres cas. Si l'usure annuelle était de cinq centimètres de hauteur au lieu d'un, il n'y aurait plus ni nécessité ni convenance de ne pas approvisionner en totalité, chaque année, la partie de route qui exigerait cette hauteur ; il faudrait alors, sur une chaussée de cinq mètres, un mètre cube pour deux mètres courans. Mais comme il importe de fixer les idées sur la qualité de cette usure annuelle, je vais faire connaître les résultats que j'ai obtenus.

(XXXVII.) J'ai depuis cinq ans à surveiller une portion de route royale de première classe, très-fatiguée, fort large, sise en plaine, bordée de grands arbres, parfois rapprochée des bois, et qui toujours avait passé pour une des routes les plus mauvaises de France ; on l'appelait la route à ornières, et il avait été décidé qu'on la paverait sur toute sa longueur. Sans entrer dans le détail des moyens que j'ai employés pour l'améliorer, détail qui m'éloignerait de mon but, je dirai qu'étant parvenu, après de nombreuses recherches à me procurer des matériaux siliceux fort durs, je demandai et j'obtins l'autorisation de les substituer aux anciens. C'était une faute; mais, pour le moment, ce n'est pas ce que je dois examiner ; mon but est de faire remarquer ici qu'étant d'une couleur essentiellement différente des anciens, il a été et il est toujours extrêmement facile de juger de l'épaisseur des couches formées. Or, pendant les cinq ans qui se sont écoulés, il a été employé six mille huit cents mètres cubes de ces pierres siliceuses sur une surface de cinquante-quatre mille mètres. D'après ce qui a été dit (XXXIV), ils ont dû former une couche d'environ huit centimètres d'épaisseur, en raison de la diminution de densité ; si donc on mesure l'épaisseur actuelle, on connaîtra la consommation pendant cinq ans, et par conséquent l'usure annuelle. Or cette épaisseur moyenne, avant le répandage de 1828, était de cinq centimètres; donc l'usure annuelle a été seulement de six millimètres. Ce résultat, je l'avoue, me paraît extraordinaire, mais enfin il est constant. Sur des routes moins fréquentées l'usure a été beaucoup moindre, et il est des parties où je l'ai trouvée insensible.

(XXXVIII.) Quand je me rappelle qu'on a parlé, en Angleterre, d'un pied d'usure annuelle, je me demande si une consommation aussi gigantesque est vraisemblable. Mais ne nous en tenons pas à un simple aperçu, et examinons de près cette assertion. Supposons que l'usure n'ait eu lieu que sur une largeur de cinq mètres, et certes il est difficile de croire qu'un chemin aussi fatigué que l'admet l'assertion précitée ne soit pas sensiblement plus large. Pour obtenir une couche de trente centimètres (c'est un peu moins que le pied anglais), il faudrait, d'après ce que nous avons dit (XXXIV), trois mètres cubes par mètre courant, et si on ne porte leur valeur qu'à dix francs les trois, ce qui est une estimation bien faible, cela fera quarante mille francs par lieue de quatre mille mètres ; il faudra encore y ajouter la main d'œuvre d'emploi et celle d'entretien. Or il paraît

que dans les environs mêmes de Londres, où les matériaux sont si mauvais, où ils coûtent plus cher, et
où la dépense est si considérable, une étendue pareille est loin de coûter autant. Quoi qu'il en soit,
d'après mes observations, je me crois bien fondé à
admettre que l'usure annuelle est beaucoup moindre
qu'on ne le suppose généralement. Je ne prétends
point donner mes observations comme des règles, et
il est très-possible que, sur d'autres points, on puisse
citer des exemples de consommation sensiblement
plus considérables. Cependant je suis fortement disposé à croire qu'il est peu de routes où la dépense en
matériaux passables excède un centimètre de hauteur par an, et si l'exemple emprunté à l'Angleterre,
qui peut n'être qu'exagéré, ne me rendait un peu
circonspect, j'oserais affirmer que jamais la consommation ne doit atteindre trois centimètres. Ceci me
conduit à dire que ce ne sont pas les matériaux qui
manquent, mais bien leur bon emploi, et par-dessus
tout, la main-d'œuvre d'entretien.

(XXXIX.) Comme en général il importe toujours
de fixer les idées, et qu'en pareille matière il serait
impossible de le faire, si l'on tenait à une exactitude
mathématique, je vais préciser approximativement
les quantités de pierres passablement dures que me
semblent exiger les routes pour conserver leur épaisseur. Les quantités que j'indiquerai me paraissent
plutôt trop fortes que trop faibles, pour un roulage
passablement suivi. On me dira sans doute que presque partout on en met davantage, souvent même

beaucoup plus, et que cependant les routes sont
mauvaises et parfois détestables ; je ne répondrai
que ce peu de mots : Mettons moins de matériaux,
et plus de main d'œuvre , mais utilisons bien l'un
et l'autre. J'ai dit (XXXVI) qu'il serait à désirer que
la pierre fût cassée assez fin pour avoir au plus quatre centimètres de diamètre ; je supposerai donc qu'il
en est ainsi partout, et je prendrai cette dimension
pour base. Or on a vu (XXXIV et XXXV) que, pour
bien employer les fournitures, il ne faut pas les disséminer, mais au contraire les rapprocher assez pour
qu'elles soient brisées le moins possible. De là découle une première règle, c'est que lorsque la largeur de la chaussée est donnée, la quantité qu'il faut
répandre par mètre courant est aussi déterminée. Ce
que l'on peut, et ce que l'on doit faire varier, c'est
le nombre d'années qui doit s'écouler entre un chargement et un autre, ou autrement dit, l'aménagement ; les quantités de matériaux à régaler doivent
donc être fixées par mètre courant, à peu de chose
près, comme il suit :

Sur une chaussée ou une route de

6 mètres de largeur	0,25 mètres cubes.
7 id.	0,30 id.
8 id.	0,35 id.
9 id.	0,40 id.
10 id.	0,45 id.
11 id.	0,50 id.
12 id.	0,55 id.

(XL.) Quant au nombre d'années pendant lequel

une partie récemment approvisionnée devra rester
sans fournitures, il dépendra évidemment de l'usure
annuelle, et par conséquent, en grande partie, de la
fréquence et du poids du roulage ; mais, malgré les
variations dont sa détermination est susceptible, je
pense qu'il sera préférable de donner quelques indications plutôt que de laisser subsister un vague toujours ennuyeux. Je suppose, par exemple, que les
six mètres de largeur précités concernent les chemins
vicinaux, qu'ils sont empierrés sur toute leur largeur,
que les sept mètres sont relatifs aux routes départementales, et qu'ils sont également garnis de pierres
sur toute leur étendue ; enfin, que les autres dimensions sont celles dont les différentes routes royales
sont susceptibles : les chemins vicinaux ont, comme
nous le verrons, si peu besoin de pierres, que le
nombre d'années dont il s'agit ne me paraît pas devoir être généralement pour eux moindre de quinze.
Pour les routes départementales, dix me semble-
raient devoir suffire ; en peu de mots, on pourrait
faire correspondre aux largeurs précitées le nombre
d'années indiquées ci-dessous :

Largeurs.	Nombre d'années.
6	15
7	10
8	6
9	5
10	4
11	5
12	3

(XLI.) Je dois faire observer que la consommation annuelle en épaisseur serait d'autant moindre que la largeur en chaussée serait plus considérable, et que c'est par ce motif que je la suppose très-faible dans les indications qui précèdent. Au surplus, je le répète, je pense que presque partout la quantité de matériaux employée à l'entretien peut être diminuée. Pour rendre ce qui précède encore plus sensible, prenons un exemple et supposons qu'il s'agisse d'une chaussée de 8^moo. Son aménagement devant être de six ans, on diviserait chacune de ses parties en un certain nombre de sections multiple de 6 ; ainsi chaque station de cantonnier, par exemple, contiendrait six de ces sections. On rechargerait la première, et on laisserait les cinq suivantes sans approvisionnement; on recommencerait à garnir la septième, et ainsi de suite. L'année d'après on laisserait intactes la première, la septième, la treizième, etc., et on couvrirait la deuxième, la huitième, la quatorzième, etc. Plus de détails sur cet article seraient superflus, peut-être même m'y suis-je trop arrêté.

(XLII.) D'après les indications des deux tableaux qui précèdent, on voit que j'ai supposé les besoins d'autant plus grands que les routes sont plus larges, et il en devrait être ainsi au moins généralement ; mais il est clair que cette hypothèse n'est pas exacte, et que telle route qui aura douze mètres de largeur pourra bien, dans tout ou partie d'un département, être peu fatiguée, et demander peu de réparations, tandis que, sur un autre point, une route de huit mètres exigera beaucoup plus de fournitures et de main-d'œuvre ; mais, comme je l'ai déjà dit, tout dépend de la consommation annuelle, et quand elle est connue, ainsi que la largeur de route, l'aménagement en découle tout naturellement. L'observation qui vient d'être faite me conduirait naturellement à examiner s'il est bien utile qu'un grand chemin, parce qu'il a le beau titre de première classe, ait partout, ou à peu près, la même largeur, quoique dans certaines localités, souvent assez étendues, il éprouve un roulage très-faible ; mais ce serait m'écarter de mon sujet, et je me borne à énoncer un doute, qui du reste n'en est pas un pour moi.

(XLIII.) Un des articles importans de l'entretien des routes, est l'époque du répandage, et il s'en faut que les opinions soient bien arrêtées à son sujet. Examinons donc s'il existe des motifs de préférence, et quels ils peuvent être. Lorsqu'on vient de répandre des matériaux, ils offrent une surface extrêmement inégale, laissent entre eux beaucoup de vides, et présentent cet inconvénient jusqu'à ce que le roulage ait fini par les réunir en masse, et par en former une couche plus ou moins épaisse. La durée de cet état de choses est très-variable, mais elle est en général considérable. Pendant tout le temps que les pierres présentent l'inégalité dont il s'agit, elles ont non-seulement la propriété de retenir l'eau des pluies et de s'opposer à leur écoulement, mais encore celle d'attirer et de conserver l'humidité de l'atmosphère, soit en diminuant l'action des rayons solaires, soit en donnant lieu à l'effet de la capillarité, par les vides assez minces que présente leur contact avec la chaussée. Il en résulte donc évidemment qu'elles sont une cause d'humidité notable. Dans les beaux temps, c'est un faible inconvénient ; mais, à l'entrée de l'hiver et pendant cette saison, elles offriraient un des moyens les plus sûrs de conserver sur la chaussée le plus d'eau, et le plus long-temps possible. Or, dès le commencement de l'automne, il est du plus haut intérêt que rien ne puisse arrêter le libre écoulement des eaux, et que, si quelque obstacle se présente, il puisse être à l'instant levé par les ouvriers. On ne devrait donc jamais faire de répandage passé le mois de septembre ; d'ailleurs, à cette époque, le temps des cantonniers est trop précieux pour l'employer à une semblable opération.

(XLIV.) Comme il existe bien des endroits où l'on choisit le printemps, voyons, si avec le système en usage, ce moment est bien favorable. Remarquons d'abord que l'on n'opère de cette manière que sur des pierres approvisionnées l'année précédente. Sans faire remarquer que c'est de l'argent qui a dormi un peu de temps, je dirai que les pierres cassées qui ont séjourné sur les routes pendant l'hiver, et ont été exposées à toutes les intempéries, se sont plus ou moins détériorées, qu'elles ont entretenu dans leur intérieur, et autour d'elles, une humidité constante ; qu'elles se sont opposées au libre écoulement des eaux ; qu'elles ont gêné sans aucune utilité la circulation ; enfin, que leur régalage demande beaucoup plus de temps, parce qu'elles se sont tassées et agglomérées, et qu'elles exigent la pioche au lieu de la pelle. J'ai fréquemment fait des observations sur ce dernier inconvénient, et j'ai remarqué que, quand il a lieu, un ouvrier répand par jour un à deux mètres cubes de moins que quand il n'existe pas. Dans ce dernier cas, et pendant les jours de durée moyenne, un cantonnier doit répandre au moins huit mètres cubes par jour. Lorsque les matériaux ont séjourné long-temps sur le sol, qu'ils sont calcaires surtout, et assez attaquables par les intempéries, il arrive fréquemment qu'il n'en peut répandre que cinq. Ce n'est pas tout : à la sortie de l'hiver, les chemins sont fort humides, ils ont grand besoin de se ressuyer, pour me servir de l'expression des cultivateurs, et ce n'est pas le cas de les couvrir d'un manteau. Mais, d'un autre côté, si l'on attend un temps trop sec, les nouveaux matériaux ne peuvent plus pénétrer dans la chaussée qu'avec peine, et seulement à quelques millimètres ; ils sont alors plus facilement écrasés, et s'amalgament moins bien avec les anciens.

(XLV.) Pour mieux opérer cette union, il arrive souvent que d'après Mac-Adam, on pique les chaussées pour les dépolir ; mais il ne me sera pas difficile de faire voir que cette opération est tout-à-fait mal vue. Les empierremens sont formés, comme on le sait, d'un mélange de pierres de diverses grosseurs, et de poudres plus ou moins fines, qui toujours sont susceptibles de former avec l'eau des pâtes de consistances diverses. Quand on pique une chaussée, quelque légèrement qu'on le fasse, on attaque presque autant les pierres que les poudres, et on les ébranle toujours un peu. Or tout le mal qu'on leur fait est une perte, non-seulement par son effet même, mais encore par la main d'œuvre qu'il exige, et l'usure remarquable qu'il cause aux outils. Au lieu d'en agir ainsi, n'est-il pas beaucoup plus simple de mettre à profit le travail de l'humidité même? Elle ramollit la poudre qui unit les pierres, et si, avant que cette poudre soit sèche, on étend les fournitures, elles s'incorporent infiniment mieux avec les chaussées, font refluer légèrement la pâte, et donnent lieu à beaucoup moins de vide. Dans la méthode du piquage, les pierres répandues donnent toujours lieu à l'action de corps durs contre corps durs, c'est-à-dire à un effet nuisible. L'objet dont je viens de parler semble peu de chose, et il est cependant d'un haut intérêt.

(XLVI.) On comprend aisément, d'après les observations qui précèdent, qu'il vaut mieux choisir un moment où les routes sont plutôt un peu humides que trop sèches. Un autre inconvénient du mode général de répandage est d'avoir lieu à peu près tout à la fois dans chaque localité, de manière que, pendant un laps de temps assez long, des étendues considérables de route sont on ne peut moins roulantes et fatiguent beaucoup les attelages. L'aménagement dont il a été parlé (XXXVI et XL) rendrait cet inconvénient d'autant moins sensible, qu'il embrasserait un plus grand nombre d'années; mais il existe encore un moyen bien simple de le diminuer, c'est de répartir sur diverses époques de l'année l'opération qui le fait naître. Nous avons dit que le point essentiel était de choisir un moment où les parties de chaussées à couvrir étaient suffisamment humides pour permettre aux nouvelles pierres de pénétrer un peu (près d'un centimètre) dans leur couche supérieure. Or, comme il suffit, pour produire cet effet, de quelques jours de pluie en été, et d'un temps humide au printemps ou en automne, il est clair qu'il n'y a point d'années où il ne soit facile d'opérer la répartition dont il s'agit, sur cinq à six époques suffisamment distantes. On me dira qu'on n'a pas des matériaux toujours prêts pour en agir ainsi, et que le service des entrepreneurs languit toujours par trop, pour qu'il soit possible d'adopter jamais cet usage. Je répondrai d'abord qu'attendre au printemps, pour répandre les fournitures de l'année précédente, ainsi que cela se fait dans tant de départemens, c'est avoir toujours un approvisionnement d'avance, qu'on peut bien ne pas employer tout d'une fois, et répartir sur quelques mois. Je dirai ensuite que, pour des travaux semblables, les entrepreneurs sont ce qu'on veut qu'ils soient, et qu'il serait très-facile d'éviter ce genre de difficultés ; qu'au surplus le mode que je proposerai bientôt remédie non-seulement aux inconvéniens déjà signalés, mais encore à celui-ci.

(XLVII.) En résumé, dans le système actuel, les régalages d'hiver sont mauvais ; et ceux de printemps, en raison des inconvéniens qui les ont précédés et qui leur sont inhérens, ne valent guère mieux ; les seuls que je croie convenables sont ceux du commencement de l'automne, et même plus tôt, s'il est possible : faits en masse, ils auront toujours des défauts, mais beaucoup moins que les autres.

(XLVIII.) Il arrive souvent que le répandage se fait d'abord d'un côté de l'axe d'une route ; puis, au bout d'un temps plus ou moins long, de l'autre côté. Le but de cette méthode est de laisser peu à peu le frayé s'établir et s'avancer sur la pierre récemment étendue, afin qu'il puisse rester constamment à la circulation une partie de chemin bien unie. J'ai employé plusieurs fois ce moyen, mais mon espoir a été constamment déçu : tant que le chemin est facile et commode d'un côté, on effleure à peine le côté qui ne l'est pas ; ce n'est que lorsque le premier a déjà beaucoup souffert, qu'on commence à aborder le second. Sur les routes très-bombées, les rouliers ne sont pas aussi difficiles, mais pour cause ; aussi ne sont-ce pas celles que j'ai en vue. Dans un système qui a pour but de tenir constamment en très-bon état toute l'étendue des routes, il me paraît préférable de faire le répandage à la fois sur toute la largeur, sauf à ne couvrir, à chaque époque, que des longueurs médiocres, comme cinquante à soixante mètres. Avec l'attention de ne laisser que commencer les frayés, et de les faire disparaître promptement, la largeur entière ne sera pas long-temps raboteuse. Sous ce point de vue, la petitesse des matériaux est bien importante ; mais j'indiquerai en son lieu (LIX) un autre moyen qui atteindrait encore mieux ce but. Remarquons toutefois qu'en aménageant les routes, comme nous l'avons dit, l'inconvénient dont il s'agit serait d'autant moindre que chaque année on n'aurait que certaines parties à couvrir.

(XLIX.) Occupons-nous d'un autre vice du mode actuel, l'établissement sur le sol même des routes, de ces immenses lignes de matériaux qui souvent occupent, pendant une grande partie de l'année, le quart de leur largeur; il faut convenir que la société paye leur loyer un peu cher. Construire à grands frais des routes pour en livrer près du quart à un emploi nuisible me semble une faute bien grave. Je me suis servi à dessein de l'expression *nuisible*, et, bien qu'on en ait déjà vu les motifs, je vais les répéter; j'y joindrai ceux que le sujet ne m'avait pas encore mis dans le cas d'énoncer. Les approvisionnemens exécutés sur le sol même des routes gênent la circulation, s'opposent à l'écoulement des eaux, entretiennent autour d'eux une humidité permanente et très-préjudiciable, et donnent fréquemment lieu aux accidens, surtout pendant la nuit. Leur séjour prolongé rappelle un capital non-seulement improductif, mais qui se détériore. La main d'œuvre d'emploi, comme je l'ai déjà dit, devient sensiblement plus considérable; l'emmétrage par tas d'un mètre isolé est un surcroît de dépense, et presque toujours les entrepreneurs sont forcés de le recommencer à plusieurs reprises jusqu'au moment de la réception définitive, parce qu'il est dérangé fréquemment par les voitures et les passans. Ce qui est écrasé par les voitures après la réception, mais avant le répandage, est une perte pour l'État ; ce qui l'est avant la réception est une perte pour l'entrepreneur ; mais elle retombe toujours sur la société, parce que c'est une chose qui coûte et qui ne produit rien, et qu'un adjudicataire fait toujours entrer en ligne de compte, dans les prix de sa soumission, les pertes éventuelles, et à bien plus forte raison celles qui sont assurées. Si l'on me disait que ce sont des économies de bouts de chandelles, je répondrais que ce sont celles qui font la fortune des particuliers, et qu'elles feraient aussi celle des États. Nous serions probablement bien riches, dans cinquante ans, si toutes celles de cette nature, faisables aujourd'hui, étaient exécutées non demain, mais avant dix ans. Si, comme j'en suis persuadé, il y a moyen d'éviter cette occupation d'une partie des routes par les matériaux, on ne disconviendra pas qu'on ne puisse, sans inconvénient, diminuer leur largeur d'au moins tout l'espace qu'ils leur enlèvent annuellement.

(L.) On dit que, sur beaucoup de routes d'Angleterre, il existe d'un côté, pour les piétons, des banquettes d'un mètre de largeur, sur quinze centimètres de hauteur, et on vante ces banquettes. J'avoue qu'à l'exception de quelques localités où je les croirais utiles, telles que des positions tout-à-fait abruptes, ou qui présentent des dangers, elles me semblent offrir peu d'avantages et un inconvénient grave. Rappelons-nous que l'écoulement des eaux est la première nécessité des chemins ; or il est impossible que cet écoulement ne soit pas fortement

gêné du côté où ces banquettes se trouvent. Il me
semble d'ailleurs qu'elles doivent être facilement dégradées par les voitures, et que, lorsque le chargement dépasse beaucoup par sa largeur le plan des
roues, les piétons ne leur ont pas beaucoup d'obli-
gations. En France, il n'existe pas de banquettes
dans les villes, et certes elles y seraient bien moins
indispensables qu'en rase campagne. Sans doute
elles seraient fort utiles dans les grandes cités, et il
serait à désirer qu'elles y fussent plus répandues;
mais il ne me semble pas que leur absence soit une
privation bien grande pour les petites villes, et surtout pour les bourgs et les hameaux. Personne cependant, que je sache, ne serait disposé à en faire
un accessoire obligé de nos routes, avant d'en avoir
pourvu les traverses des villes qu'elles parcourent. Si
j'examine la question sous un autre point de vue, je
demanderai si les Anglais n'auraient pas beaucoup
mieux fait de placer le chemin des piétons au-delà
du fossé; il n'aurait plus mis obstacle à l'écoulement
des eaux, il eût été moins sujet aux dégradations, il
n'aurait pas exigé un exhaussement de quinze centimètres, et les gens de pied eussent été mieux à l'a-
bri des voitures, des chevaux et des éclaboussures.
Ces avantages auraient, ce me semble, amplement
balancé le petit inconvénient qu'eussent éprouvé
les piétons, d'être séparés de la route par un fossé
peu large, sans profondeur, et où d'ailleurs il eût
été facile de ménager des passages de distance en
distance, avec trois pierres seulement, et sans inter-

rompre le cours des eaux. Espace pour espace, cette disposition me paraîtrait bien préférable. Sans doute nous sommes dans le cas d'emprunter beaucoup à nos voisins, comme ils peuvent prendre beaucoup chez nous; mais, comme aucun de nous ne songe à leur demander ce qu'ils ont de mal, laissons-leur les banquettes en rase campagne. Avant bien des années peut-être, une occasion assez favorable se présentera à leurs partisans; car, si l'on réduit les routes à une largeur raisonnable, il sera facile de destiner à cet objet au moins une des languettes qui resteront inoccupées. J'avoue, en ce qui me concerne, que je serais fort aise d'une semblable disposition. Nous devrions alors au hasard le meilleur mode de voie de transport, puisqu'à côté des voitures de tout genre, le modeste piéton pourrait cheminer en paix.

(LI.) Avant d'entamer les questions qui me restent à examiner, je crois devoir dire en passant un mot des plantations, dont on cherche en vain à border les routes depuis de longues années; elles sont trop amies de l'humidité, et j'en suis trop ennemi pour ne pas leur consacrer quelques lignes. En ne les considérant, comme nous le devons, que par rapport aux chemins, elles peuvent être d'utilité, ou de pur agrément. Comme objet d'utilité, il me semble qu'elles atteindraient bien suffisamment leur but, si les arbres étaient espacés d'une vingtaine de mètres, attendu qu'elles serviraient généralement aussi bien de guide au voyageur. Dans cet état, elles seraient encore nuisibles aux routes, mais elles le seraient beaucoup moins; et, avec une bonne méthode d'entretien, cet inconvénient serait peu sensible ; on pourrait d'ailleurs le diminuer encore, en ne plantant que le côté exposé au nord. Il existe sans doute des localités où des dispositions différentes devraient être adoptées, mais on n'examine pas les exceptions quand on ne veut donner à un sujet que quelques lignes. Sous le point de vue d'agrément, nous dirons que, s'il s'agit seulement d'offrir au voyageur un abri momentané, sous lequel il puisse se rafraîchir et prendre haleine, il y aurait de la dureté à le lui refuser ; mais que, s'il est question de lui procurer un ombrage à peu près permanent et qui l'accompagne comme son ombre, il y aurait folie à le lui accorder. Il en jouirait d'ailleurs bien imparfaitement, car les voitures aussi ne craignent pas l'ombre. Partisan des plantations par goût, et comme ami zélé de l'agriculture, leur ennemi comme ingénieur, je pense que, rapprochés autant que la loi l'exige, les arbres sont très-préjudiciables aux routes, et que, malgré tous les prétextes de pénurie de bois, on devrait empêcher les riverains de les rapprocher, bien loin de les y contraindre.

(LII.) Quoique chaque pays emploie naturellement pour la confection et l'entretien de ses routes les matériaux que la nature lui présente le plus à proximité, il est peu de contrées qui n'aient pas la faculté de faire un choix, et qui ne possèdent sur chaque localité qu'une seule ressource. Ne fût-ce donc que sous ce point de vue, il pourrait être d'un haut intérêt d'examiner quelle est l'espèce de matériaux qui convient le mieux aux routes. Mais on verra par ce qui va suivre, que, sous d'autres rapports essentiellement utiles à toutes les positions, cette question mérite d'occuper sérieusement l'attention. Il existe une grande divergence d'opinions au sujet de l'espèce de matériaux à qui on doit donner la préférence dans la construction comme dans la réparation des routes, et rien n'est plus facile à concevoir. Il est des pierres siliceuses avec lesquelles on a fait d'excellens chemins, comme il est beaucoup de pierres calcaires, qui en ont donné de très-bons. Aux États-Unis, on aime mieux les premiers; en Angleterre, on a quelque propension à préférer les seconds; en France, on ne s'est pas prononcé d'une manière positive. Cet état d'indécision est-il dû au mode d'emploi des pierres, ou à leur nature? Peut-on le faire cesser ou, au moins, établir des principes certains? Telles sont les questions que je me suis proposé de traiter.

(LIII.) Faisons d'abord observer que la distinction la plus remarquable entre les pierres calcaires et celles siliceuses, c'est que les premières, sans exception, sont rayées plus ou moins facilement par le frottement d'un corps dur un peu aigu ou tranchant, tandis que les secondes ne le sont pas, et que même elles rayent ce corps. Les pierres argileuses sont également rayées, mais je ne sache pas qu'on en connaisse de dures parmi les matériaux susceptibles d'être employés sur les routes; d'ailleurs, leur rayure est presque toujours colorée, tandis que celle des pierres calcaires tire constamment sur le blanc. Rien n'est donc plus facile que de reconnaitre en un instant celles que l'on est à même de rencontrer. Parfois, on pourra éprouver quelque indécision, mais elle ne sera pas longue. Si, dans le but de faire mieux encore, on était disposé à laisser tomber sur la pierre quelques gouttes d'acide nitrique ou hydrochlorique, je dirais que j'ai trouvé des pierres purement calcaires dont l'effervescence n'était pas perceptible à la vue, et que je n'aurais certainement pas reconnues si je m'en fusse tenu à ce simple aperçu. J'ai voulu employer le choc du briquet, et juger par l'odeur de pierre à fusil, ou par la production de l'étincelle, mais je n'ai pas tardé à m'apercevoir que certains calcaires très-durs donnent également l'une et l'autre. J'ai cru utile de donner ces détails parce qu'ils peuvent éviter des méprises dont j'ai été la dupe.

(LIV.) Il semble résulter, au premier abord, du caractère distinctif dont je viens de parler, que les matériaux siliceux doivent être préférables pour les routes, puisqu'ils ont la propriété de rayer les corps durs au lieu d'en être rayés (la ponce et l'émeri dont on se sert pour polir sont essentiellement siliceux et alumineux). Or, comme le roulage agit essentiellement par le frottement sur une surface unie et solide, il s'ensuit que les matériaux qui le redoutent le moins possèdent un précieux avantage. Mais ici déjà il faut faire une distinction, car des pierres siliceuses, incapables de résister à la pression que supporte une

route vaudraient nécessairement moins pour elle,
que des pierres calcaires en état de la soutenir, à
moins, toutefois, que le détritus qui proviendrait des
premières ne fût moins pénétrable à l'eau que celui
résultant des secondes. Sous ce point de vue, on sent
aisément que la destination d'un chemin doit avoir
une grande influence sur l'espèce de matériaux qui
peuvent lui suffire, car, avant de résister au frottement, il faut que la couche qu'ils formeront soit en
état de braver les charges qui doivent la fatiguer.
Ici, une autre circonstance vient compliquer la question, c'est l'humidité naturelle au sol ou au climat,
car des matériaux humides et des matériaux secs se
comporteront d'une manière absolument différente
sous le choc, la pression et le frottement; et tels
d'entre eux ne vaudront absolument rien dans le
nord, qui eussent été fort bons dans le midi. Nous
avons déjà vu que, dans les temps secs, de simples
accotemens en terre sont souvent en état de supporter de très-fortes charges. La proposition inverse,
qu'il existe des substances peu convenables au midi
et susceptibles d'être mieux appropriées au nord, serait aujourd'hui un paradoxe; je ne sais pourtant si
elle ne serait pas admissible.

(LV.) Puisque les faits démontrent journellement
que c'est essentiellement quand les chemins sont
humides que la pression leur est préjudiciable, il
doit être d'une grande importance d'examiner l'influence de l'eau sur les substances qui les composent.
Si, à l'époque des pluies, on fait quelques coupures

dans des chemins de diverse nature, on remarquera
une grande différence dans la profondeur à laquelle
l'humidité a pénétré ; s'ils sont composés de couches
d'espèces différentes, elles offriront une autre cause
de variations. Il pourra même arriver que l'extension
de l'humidité soit tout à coup interrompue, et forme
une ligne de séparation tranchante. Les observations
que j'ai faites à ce sujet me conduisent à isoler pour
le moment, dans les chaussées, les pierres et leurs
débris sablonneux, des poudres plus ou moins im-
palpables que peuvent fournir leurs détritus. On verra
bientôt combien cette distinction est importante. Il
existe des pierres siliceuses fort dures, qui, employées sur les routes, y forment des couches que
l'eau pénètre toujours, quelle que soit leur épaisseur ;
il en est d'autres dont les couches s'imbibent avec
une grande lenteur, et qui, en raison des alterna-
tives de sécheresse et d'humidité ne sont jamais at-
teintes que sur une faible épaisseur, à moins que la
création d'ornières plus ou moins profondes ne vienne
modifier cette disposition naturelle. Les pierres calcaires peuvent donner lieu à des remarques analo-
gues, mais il m'a toujours paru que celles dont les
couches s'imbibent facilement et profondément sont
plus rares, c'est-à-dire qu'elles forment exception ;
tandis que les pierres siliceuses ont presque toutes
cet inconvénient.

(LVI.) Il est aisé d'apprécier toute l'importance
de cette manière d'être des matériaux. Sur une route
que l'eau pénètre facilement, la moindre pluie en-

gendre des ornières, elle est presque constamment humide; sur celle qui ne s'imbibe que très-lentement et à la surface, il faut beaucoup plus de temps aux roues pour produire le même effet; pour peu qu'on ait le soin d'y faire écouler les eaux avec quelque attention, quelques millimètres seulement de la superficie sont humides, et il suffit d'un temps sec, d'un vent fort pour les ressuyer.

(LVII.) Pensant que le degré de finesse des poudres pouvait jouer un grand rôle dans ce phénomène, j'ai broyé des pierres siliceuses et calcaires de diverses espèces, et je les ai tamisées à une toile métallique dont les trous avaient moins d'un demi-millimètre de côté; je les ai ensuite tassées le plus également possible dans des vases de verre blanc, puis je les ai immergées. En les examinant, je n'ai pas eu de peine à reconnaître que la finesse était loin de pouvoir suffire à l'explication cherchée. Supposant alors que la forme pourrait me donner quelque indice, j'ai tamisé à la même toile et à une autre plus fine encore des sables de verrerie naturellement très-fins, et dont je pensais que la figure devait être bien plus arrondie que celle de pierres pilées. La pénétration de l'eau a eu lieu avec une grande promptitude, et l'air qui garnissait les vides s'est échappé presque de suite et sans difficulté. Comme dans d'autres expériences j'avais remarqué que l'égalité de grosseur était une cause d'augmentation dans les vides, j'ai essayé si, par des mélanges de poudres diversement fines, je ne pourrais pas retarder l'absorption ; et il m'a toujours paru qu'en effet elle était d'autant plus lente que la quantité de vide existant entre les grains était moindre. Je dois cependant avouer que, si la finesse, la forme angulaire et la variété de grosseur m'ont semblé avoir une influence marquée sur les résultats, je ne l'ai jugée que bien secondaire en comparaison de la constitution physique des pierres. Je dis constitution physique, parce que des pierres calcaires, qui fourniront à l'analyse chimique les mêmes élémens, se comporteront le plus souvent d'une manière différente dans les essais de ce genre; et dans leur emploi sur les routes, leurs particules me paraissent avoir sous ce point de vue des propriétés essentiellement distinctes.

(LVIII.) En examinant de temps à autre les poudres que j'avais immergées, j'ai trouvé les unes absolument molles, et formant une bouillie sans la moindre consistance, bien que je les eusse tassées de mon mieux ; d'autres étaient un peu plus fermes, et quelques-unes l'étaient d'une façon assez remarquable, surtout en s'éloignant de la surface. J'avais essayé de même de l'argile et des schistes pulvérisés. Forcé de suspendre ces essais, j'ai voulu les reprendre, mais l'absence de loisirs suffisans et ma mauvaise santé m'ont forcé d'y renoncer. Je ne puis donc fournir des détails aussi positifs et aussi nombreux que je l'aurais désiré ; je dois dire cependant que les détritus de pierres dures et à grains très-fins sont toujours ceux qui m'ont offert les résultats les plus satisfaisans. J'ai cru remarquer encore que, parmi ceux-ci, les siliceux étaient les meilleurs ; et pourtant les matériaux siliceux donnent rarement de bonnes routes.

(LIX.) On ne voit pas encore quelle peut être toute l'utilité de semblables recherches, mais on en jugera mieux dans l'instant. Puisque les empierremens sont composés de petites pierres, et de poudres de diverses grosseurs, depuis le gros sable jusqu'aux poussières les plus fines ; puisque les approvisionnemens que l'on répand sur les routes sont amenés au même état par le roulage, il est bien naturel de se demander s'il n'y aurait pas quelque moyen économique de former à peu près de toute pièce de semblables amalgames ; ils éviteraient en grande partie au roulage la peine de détériorer, en les brisant par trop, les matériaux qui forment les routes ; et ils accéléreraient singulièrement l'union et le poli de ces rechargemens raboteux, qui sont toujours si désagréables et si gênans. On devine aisément, sans qu'il soit nécessaire de citer aucune expérience, que la quantité de vides existans entre des pierres cassées, mais non encore comprimées, peut être considérablement amoindrie par leur mélange avec d'autres pierres plus petites. On sent même que, par la variété et la finesse des débris employés, il doit être possible de pousser assez loin la réduction. Mais diminuer les vides, c'est évidemment diminuer aussi les chances de brisement et de broyage des matériaux ; or, je le demande, ne serait-ce pas agir conséquemment à ces réflexions, que d'associer aux pierres cassées des débris de carrières? Cette pratique me paraîtrait une amélioration importante, et je lui croirais de grands avantages. Ces débris remplaceraient une quantité de matériaux ordinaires égale à leur volume, et chacun sait combien leur prix est moindre. Mais le résultat le plus utile qu'ils me semblent susceptibles de produire, c'est un tassement plus prompt, plus égal, et bien moins fatigant pour le roulage. Supposons, par exemple, qu'après avoir employé environ trois quarts de sa journée à répandre des pierres cassées, un cantonnier s'occupât, l'autre quart, à les recouvrir de débris de carrières, croit-on que la circulation aurait beaucoup de peine à s'établir peu à peu, et d'une manière passablement égale, sur une surface aussi peu raboteuse? Quelques coups de rateau, et parfois, mais rarement, de pelle ou de pioche, pour effacer le frayé, suffiraient pour répartir moins inégalement la charge, et, au bout d'un temps assez court, on aurait formé une couche d'une densité beaucoup plus égale, et par conséquent moins susceptible de bosses et d'ondulations. Les pierres auraient été d'ailleurs bien moins broyées, le roulage moins fatigué, et les pieds des chevaux ménagés.

(LX.) L'exemple qui précède n'est qu'un cas particulier du cas général présenté plus haut ; car tous les débris possibles sont susceptibles d'être mélangés avec plus ou moins de succès avec les pierres, soit pour la formation des chaussées neuves, soit pour la réparation de celles déjà construites. L'argile, les marnes, les terres de toute nature, isolées ou amalgamées, peuvent être mises également à contribution ; mais il paraît que, jusqu'à ce jour, on n'a pas trouvé de moyen d'employer utilement à cet usage ces dernières substances. C'est beaucoup, sans doute, que de diminuer et même de boucher les vides ; c'est un objet très-important aussi de s'opposer à l'absorption de l'humidité, ou seulement de la retarder ; mais ces deux conditions seules sont loin de suffire. Donnons donc une idée des qualités que devrait avoir une substance ou un mélange, pour former avec les pierres cassées un amalgame convenable. Je suis disposé à croire qu'il en existe de naturels ; mais si cela est, il faudrait qu'ils fussent communs, ou qu'ils pussent être imités avec économie.

(LXI.) L'idée prédominante, que c'est à l'eau qu'il faut s'opposer, dispose de prime abord à l'emploi de l'argile ; mais pour que cette substance ait la propriété de s'opposer aux infiltrations, il faut qu'elle se soit approprié une dose assez forte d'humidité, et, dans cet état, elle est devenue passablement molle, facile à pénétrer, à déplacer, et d'une espèce de fluidité qui la rend complétement impropre à unir, sans aide, des matériaux susceptibles d'être fortement poussés et pressés. Elle a d'ailleurs l'inconvénient d'être plus ou moins gluante, et de s'attacher facilement aux roues et aux pieds. Pendant les chaleurs, elle se fend de toute part. Je ne parlerai pas de ses autres défauts ; sous le point de vue qui nous occupe, ce serait chose superflue. Disons cependant qu'employée en quantité très-minime et mélangée avec des sables, des graviers et des pierres à faces planes et angulaires, mais non arrondies, elle pourrait peut-être fournir de bons résultats ; mais je ne sache pas qu'on l'ait soumise à aucun essai de ce genre. L'addition d'une bouillie de chaux très-claire pourrait être fort utile. Presque toutes les argiles, possédant des propriétés hydrauliques dans leur union avec la chaux, une quantité très-petite de cette substance aurait l'avantage d'augmenter l'imperméabilité, d'ajouter même à la ténacité et à la fermeté, sans déterminer cependant cet état de dureté qui cause les ruptures aux moindres mouvemens. Quant aux terres ordinaires, qui toutes contiennent plus ou moins d'argile, elles renferment en général, outre un grand nombre de particules fines et arrondies, des matières végétales et animales, qui feraient d'elles la plus mauvaise pâte possible.

(LXII.) Nous avons dit que les sables, surtout ceux de forme ronde, renferment beaucoup de vides, et sont de suite imprégnés d'humidité ; ils sont d'ailleurs bien rarement lians, et , quand ils ne sont pas anguleux, ils jouissent d'une fluidité prononcée ; ils ne conviennent donc pas non plus isolément. Quant aux marnes, dont la conformation présente des variétés nombreuses, je ne fais pas de doute qu'il n'y en ait beaucoup de mauvaises, mais je suis disposé à croire qu'il en existe de bonnes, d'excellentes même. J'en ai vu qui, à un grain d'une finesse extrême, joignaient une dureté et une propriété liante assez remarquables. De même que toutes les marnes, elles étaient désagrégées par l'eau , quand leurs contours n'étaient pas soutenus, et qu'elles étaient immergées isolément ; mais placées d'une manière convenable, elles n'étaient pénétrées que lentement et difficilement ; elles avaient d'ailleurs la propriété de se sécher très-promptement, sans diminuer sensiblement de volume, et d'acquérir alors une tenacité assez remarquable. J'ai rencontré aussi des terres schisteuses qui m'ont paru susceptibles de fournir de très-bons moyens de liaisons. N'ayant soumis aucune de ces substances à des expériences sur les routes, je n'ai rien de positif à faire connaître à leur égard, et je n'ai pu énoncer que mon opinion.

(LXIII.) En dernière analyse, je pense qu'une poudre ou une pâte d'amalgame doit, pour être bonne, se laisser lentement et difficilement pénétrer par les eaux, n'acquérir que peu de fluidité, ou point, s'il est possible ; et ce qui est une conséquence de cette dernière propriété, résister assez bien à la pression pour ne s'écarter et refluer en tout sens que sous des charges lourdes et réitérées. Je n'insisterai pas sur ces aperçus, mais je dirai que, lorsque la construction et l'entretien des routes auront été un peu mieux étudiés, lorsqu'on aura remplacé le vague existant par des principes positifs et sûrs, lorsqu'on se sera bien convaincu surtout que, pour avoir d'excellens chemins, il faut beaucoup de main d'œuvre et peu de matériaux quand ils sont bien employés,

alors on commencera sans doute à faire des essais,
et à concevoir quelque chose de mieux que de simples amas de pierres. En attendant, ce que je crois
pouvoir certifier, c'est qu'on se trouvera toujours fort
bien de mélanger aux pierres cassées des débris de
carrières, et surtout de celles à grains durs et fins,
quand on le pourra. En cas d'impossibilité le pis-al-
ler sera d'employer celles dont les approvisionnemens
même proviendront.

(LXIV.) Dans beaucoup de pays on se sert de graviers plus ou moins gros, mélangés de diverses proportions de sables. Ces graviers sont, les uns arrondis,
les autres plats, mais ils sont presque tous polis et
lisses. Quelquefois ce sont les seuls matériaux que
présente la localité; d'autres fois on s'en sert par
économie. Dans ce dernier but, je me suis moi-même
obstiné plusieurs fois à en faire usage; et je dois l'a-
vouer, je m'en suis toujours repenti. Les graviers,
surtout ceux de rivière, sont presque toujours arrondis; il en résulte qu'indépendamment de ce qu'ils
contiennent plus de vides, ils ne se lient jamais qu'a-
vec une peine extrême, ils se déplacent sans cesse,
et ce n'est qu'au bout d'un très-long temps qu'ils finissent par faire passablement corps. Il faut que la poussière et la boue viennent se mélanger à eux; il faut
qu'un certain nombre se soient plus ou moins cassés
ou pulvérisés, pour qu'enfin ils s'unissent passablement; et encore ont-ils presque toujours le grave inconvénient de se pénétrer d'eau à la première pluie,

et de perdre une grande partie de leur ténacité, quand ils ne la perdent pas toute.

(LXV.) J'ai fait exécuter, il y a six ans, deux petites portions de route à la Mac-Adam; les pierres étaient siliceuses et d'une grande dureté; elles n'avaient pas plus de trois à quatre centimètres de diamètre; elles étaient bien nettes et bien propres, et elles avaient été répandues avec un soin extrême; ces deux parties étaient contiguës; l'une était composée de pierres cassées, à faces planes, à angles vifs; l'autre, de cailloux roulés très-polis; elles n'avaient qu'une cinquantaine de mètres de longueur. Il leur a fallu, à l'une et à l'autre, beaucoup de temps pour se tasser et se prendre; au bout de quatre mois la première n'était point encore bien formée, la seconde était presque dans le même état que le premier jour. Si, au lieu de copier Mac-Adam, j'eusse recouvert chaque lit de débris de carrières, si surtout je n'eusse fait suivre un lit par un autre que de dix en dix jours au moins, de manière à utiliser convenablement l'action du roulage, j'aurais fait un ouvrage infiniment meilleur. Le premier eût été très-promptement en état, le second l'eût été beaucoup plus tôt, et il se fût trouvé moins médiocre. Comme je l'ai déjà dit, je suis revenu à plusieurs reprises à l'usage du gravier, et récemment encore il a été pour moi l'occasion d'une nouvelle faute. L'économie que j'ai obtenue n'a été qu'illusoire; car si j'ai dépensé moins, le roulage a dépensé beaucoup plus, aussi je n'y reviendrai plus. J'aurai assez appris que le gravier, celui de rivière surtout, est à peu près, de toutes les espèces de matériaux, la plus mauvaise ; qu'il soit siliceux ou calcaire, sa forme arrondie et lisse le rendra toujours d'un emploi fort peu satisfaisant.

(LXVI.) Toutefois, comme il est des cas où on peut l'utiliser, je vais m'y arrêter un moment. On a vu (XXXVII) 'que la plupart des routes s'usent annuellement d'une très-faible épaisseur, qui n'est le plus souvent que de quelques milimètres. On a vu également (XXVIII et XXIX) que la surface des empierremens, comme leur intérieur, sont formés de pierres de diverses grosseurs, et de poudres plus ou moins fines intercalées entre elles. Si donc, lorsque le dessus d'une route est légèrement humide, on y répandait une couche de gravier d'environ un centimètre d'épaisseur, et même moins, une partie pénétrerait dans la pâte et se lierait passablement avec les anciens matériaux ; on pourrait souvent obtenir par cette méthode de bons résultats. On sent, en effet, que la pâte qui lie les pierres, fût-elle de la meilleure qualité, il y aura toujours avantage à la remplacer, autant qu'on le pourra, par des corps durs ; il suffit qu'entre chacun de ces corps il en reste une petite couche qui serve à les lier tous, et à empêcher la pénétration de l'humidité. Dans tous les cas il n'y faudra pas revenir souvent. Il existe encore une autre circonstance où les graviers peuvent être utiles. Lorsqu'à moins de frais considérables, on ne peut disposer que de pierres très-tendres, qui s'écrasent facilement, et sont bientôt réduites en pâte, comme certains calcaires argileux, comme la plupart des schistes, il peut y avoir beaucoup d'avantage à leur associer des graviers plus durs, et surtout un peu gros ; ce sont eux alors qui forment le corps de la chaussée, dont les schistes constituent la liaison, la pâte.

(LXVII.) Dans les localités où il n'y a pas d'autres matériaux que les graviers, il faut bien s'en servir. Je crois donc devoir indiquer en peu de mots la manière de les utiliser qui me paraît la plus avantageuse. Si la première construction de la chaussée a eu lieu en pierres cassées, c'est déjà un grand bien ; mais que cela soit, ou non, il faut toujours trier les plus gros cailloux et les faire casser, afin d'obtenir le plus qu'on pourra de surfaces planes et de parties aiguës. Le résultat sera d'autant plus satisfaisant que leur proportion aura été plus considérable. Si l'on peut se procurer quelques pierres, quelques débris de carrières, on fera bien de les leur associer. Dans tous les cas, il importe de faire les répandages par couches, d'autant plus minces que les matériaux sont plus petits. Il faut les exécuter à des époques peu rapprochées, et toujours au printemps, ou en été, dans les momens humides.

(LXVIII.) Il résulte de ce que nous avons dit sur le choix des matériaux, que les pierres calcaires sont presques toujours préférables, et que celles siliceuses, employées seules, donnent toujours de mauvaises routes pendant les temps humides. Il en résulte également que leur structure est d'une haute importance, et que les pierres à gros grains, tant durs soient-elles, qui, en se broyant où s'écornant, ne fournissent que des particules sablonneuses, arrondies surtout, ne peuvent donner que des routes perméables aux moindres pluies ; qu'au contraire, les matériaux à grains très-fins, qui sont durs et tenaces, qui, par le frottement et la pression, donnent des poudres très-fines, des particules aiguës, fournissent d'excellentes routes ; que cependant elles sont sujettes à être un peu dures dans les commencemens, surtout lorsqu'elles sont peu fatiguées ; mais qu'il est facile d'y remédier en les couvrant de débris de carrières ; que mieux vaudrait encore l'avoir fait en les construisant ; que lorsque le roulage n'est pas considérable, il est généralement plus économique, et toujours presque aussi avantageux de se servir de pierres moins bonnes, ou tout au moins de les associer aux premières ; que, dans tous les cas, le poli intérieur est d'une grande importance, parce qu'il présage plus d'imperméabilité ; que les moellons calcaires lisses, unis et durs sont tout ce qu'il y a de mieux ; qu'on ne peut trop préconiser le mélange des débris de carrières, soit en construisant les routes, soit en les rechargeant ; enfin, que les graviers de rivière, et tous ceux de formes lisses et arrondies, sont les matériaux les moins convenables ; que cependant, lorsqu'ils sont menus, très-inégaux surtout, dégagés de sables trop fins et de parties terreuses, ils peu-

vent être utilement répandus en une couche assez
mince sur la surface des chaussées; que le but de
cette opération est de substituer des corps durs à
une partie de la pâte molle qui remplit les interstices
des pierres, et que son résultat est non-seulement
d'augmenter la résistance de la partie supérieure, mais
de diminuer sa perméabilité, soit par l'addition de
corps moins perméables, soit par l'accroissement
des sinuosités que l'eau est contrainte à suivre pour
pénétrer dans l'intérieur; qu'au surplus, lorsque l'absence d'autres matériaux exige impérieusement, ce
qui est fort rare, l'emploi de ces graviers sans aucun
mélange, il existe encore des moyens d'améliorer
leur mauvaise qualité en cassant les plus gros, en
les débarrassant d'une partie plus ou moins considérable des sables qu'ils contiennent, et surtout en ne
les répandant que par couches très-minces, et dans
les momens humides de la belle saison.

(LXIX.) Lorsque les matériaux dont on fait usage ont le grave inconvénient de donner une chaussée qui s'imbibe d'eau avec facilité et promptitude,
il n'est plus nécessaire de faire les répandages par
couches aussi épaisses que nous l'avons dit, attendu
que les pierres peuvent pénétrer plus profondément
dans la pâte sans se briser. Par le même motif, si,
à l'issue de l'hiver, on a des routes qui, au moment
où l'on vient de bien les unir, conservent encore une
forte dose d'humidité jusqu'à deux ou trois centimètres de profondeur, on peut distribuer les maté-

riaux sur une plus grande surface, et adopter un
aménagement moins long. Si l'on veut adopter ce
mode, le répandage de printemps est alors de nécessité, et l'on a vu à combien d'inconvéniens il est
sujet. Il me paraît fortement à désirer que, soit par
la nature des matériaux, soit par le soin qu'on aura
mis à faire écouler les eaux, cette facilité de pénétration n'existe pas; elle est certainement un défaut,
et il est même permis de douter qu'il convienne de
mettre à profit la faculté qu'elle donne de disséminer davantage les pierres. Je pencherais, je l'avoue,
pour l'affirmative, mais les avantages et les inconvéniens me paraissent à peu près balancés. En terminant ce qui concerne la nature et l'emploi des matériaux, je dois dire que j'ai fait diverses expériences
dans le but de reconnaître la somme des vides compris soit entre les pierres cassées, soit entre les graviers et les sables; que ces expériences ont eu lieu
dans des vases imperméables de diverses grandeurs,
les uns de plus d'un mètre cube, et les autres d'un
quart de mètre; que les matériaux n'ont été mis
dans ces vases qu'après être restés assez long-temps
dans l'eau ou exposés à la pluie, de manière à laisser
leurs pores se pénétrer d'humidité; que c'est dans
cet état que les vases en ont été remplis et mesurés
bien ras; qu'alors on y a ajouté, à l'aide d'une mesure bien connue, toute l'eau qu'ils ont pu contenir;
que de cette manière j'ai reconnu la somme cherchée, et qu'entre des différences assez peu éloignées
je l'ai trouvée, savoir : pour les pierres cassées à

quatre ou cinq centimètres de diamètre, d'environ moitié du volume total; pour le gravier menu contenant environ deux tiers de sable gros, d'environ un tiers; pour le même gravier passé à un tamis dont les trous avaient cinq millimètres de côté, d'à peu près deux cinquièmes; enfin pour le gros sable, d'un peu plus du tiers.

(LXX.) Nous avons fait voir (XXIV), (XXVII), (XXVIII), (XXIX), (XXX), que, sans les pluies et l'humidité, rien ne serait plus facile que d'avoir des routes constamment bonnes, et que celles en terre même, les simples accotemens, pourraient généralement suffire à la plupart des besoins; que c'est même ce qui a lieu le plus souvent en été; qu'en conséquence le grand destructeur des chemins, leur seul ennemi pour ainsi dire, est l'eau; nous en avons tiré deux conclusions: la première, qu'il faut rendre les routes le moins perméables possible; la seconde, qu'il est du plus haut intérêt de faire écouler les eaux, ou de les disperser dès le moment même où elles tombent, afin que leur séjour soit toujours très-court, et demeure s'il est possible inaperçu. La première de ces conditions est remplie comme nous l'avons vu par le choix des matériaux, et par leur emploi judicieux. Nous avons donné à cet égard (depuis le paragraphe LII jusqu'au LXIII inclus) des détails plus circonstanciés même que ne le comporte une simple notice. Quant à la seconde, elle ne peut s'obtenir que par une grande quantité de main d'œuvre journalière, et je ne connais pas une route en France qui en reçoive la moitié de ce qui lui serait nécessaire. Ordinairement on ne leur en donne que le tiers, souvent même le quart. Qu'une année soit pluvieuse ou non, c'est presque toujours la même quantité. Parfois seulement, et quand une route est devenue très-mauvaise, on adjoint quelques ouvriers aux cantonniers sédentaires. Cette manière de faire me paraît à peu près aussi conséquente que celle d'un individu qui, voyant le feu à sa maison, attendrait, pour lui porter secours, qu'elle fût embrasée. On ne peut trop le répéter, ce n'est pas quand le mal est aux trois quarts consommé qu'il faut y porter remède, c'est à sa naissance; de là donc la nécessité impérieuse d'avoir constamment sur les routes une grande quantité d'ouvriers uniquement occupés d'elles, et très au courant de leurs besoins. Ne laissant sur leur canton ni bosses, ni bourrelets, ni ondulations, les eaux s'écouleront d'elles-mêmes, et si elles séjournent quelque part, ils n'auront pas attendu qu'elle soit en boue pour lui créer une issue ou la disperser. Mais, puisque cette main d'œuvre doit être assez abondante pour les époques pluvieuses, il est clair qu'elle doit l'être trop pour celles de sécheresse. Comment donc l'utiliser? Dans quelle proportion également l'établir sur chaque route? C'est ce que nous allons indiquer.

(LXXI.) Pour tirer parti de la main d'œuvre trop abondante en été, il existe un moyen bien simple, et nous verrons que ce n'est pas le seul avantage qu'il possède. Ce moyen consiste à faire casser par les cantonniers tout ou partie de la pierre nécessaire aux approvisionnemens. Leur station est-elle en bon état, ils se mettent au cassage ; survient-il une averse, ils le quittent dès qu'elle a cessé, et s'occupent d'arrêter ses mauvais effets. Pour être moins long et plus clair, je vais prendre un exemple. Choisissons celui du paragraphe XLI, où il s'agit d'une route empierrée sur sa largeur totale de huit mètres : nous verrons plus tard (LXXVI) que cette hypothèse d'empierrement total ne change rien aux détails qui vont suivre. Son aménagement étant de six ans, et la quantité de matériaux nécessaire par mètre courant de trente-cinq mètres cubes, il s'ensuit que la quantité à fournir annuellement doit être de six centièmes cubes par mètre courant, c'est-à-dire de deux cent quarante mètres par lieue de poste, ou de quatre mille mètres. Sur cette route il sera convenable d'avoir en permanence trois cantonniers. Aujourd'hui, pour la même longueur, on n'en emploie généralement qu'un seul ; il est vrai qu'il n'est pas chargé du cassage. Chacun d'eux aura ainsi à briser quatre-vingts mètres cubes ; or, pour les réduire à quatre centimètres au plus de diamètre, il lui faudra au moins un jour par mètre cube, ce qui exigera conséquemment, en raison des fêtes et dimanches, au moins trois mois par an. Comme on lui donnera, ainsi que nous le verrons dans l'instant, la facilité d'exécuter ce travail pendant les temps de pluies et de gelées, il ne prendra par le fait guère plus de deux mois sur son travail effectif. Or, pour donner à une route tous les soins qu'elle mérite, je pense qu'on ne peut lui retrancher davantage.

(LXXII.) Avant d'aller plus loin, évaluons ce que coûterait moyennement par lieue un semblable entretien. Le salaire d'un bon cantonnier est moyennement d'environ 450 f. par an; pour trois de ces ouvriers il serait donc de . . . . 1350 f. 00 c.

La valeur des matériaux varie entre des limites plus étendues, mais, en portant à 5 f. 00 le mètre cube tout prêt à être répandu, je crois dépasser la moyenne. Si donc nous en déduisons 1 f. 50 cent. pour cassage exécuté par les cantonniers, il restera 3 f. 50 cent., et les 240 à ce prix vaudront. . . . . 840 f. 00 c.

TOTAL. . . 2190 f. 00 c.

C'est, à peu de chose près, la dépense à laquelle on évalue les réparations annuelles d'une route à l'état d'entretien. On pourrait donc en conclure qu'il n'y a point d'avantage à faire subir au système actuel les modifications que je propose; mais je dirai que ce qu'on appelle en France une route à l'état d'entretien, c'est une route qui, pendant quatre mois de l'année, est fort mauvaise; pendant quatre autres mois, passable, et pendant les quatre restans, bonne et viable. Traitée comme je l'ai indiqué, elle sera de toute beauté pendant quatre mois, bonne pendant quatre autres, et au moins passable pendant les quatre derniers. Au surplus, deux mots peuvent établir le parallèle entre les deux systèmes. Le premier a pour résultat d'employer : 1° les accotemens à maintenir l'eau sur les routes ; 2° les tas de pierres à diminuer leur largeur ; 3° le roulage à réduire les matériaux en poudre à leur mutuel détriment ; 4° enfin les cantonniers à perdre leur temps pendant les pluies et les gelées, et à remuer de la boue pendant quatre à cinq mois. Le second aurait pour effet : 1° de supprimer les accotemens, vrais conservateurs des eaux ; 2° de ne jamais laisser sur les routes un seul tas de pierres ; 3° de faciliter le roulage, et cependant de protéger les pierres contre son action ; 4° enfin de ne pas laisser perdre aux cantonniers un seul instant.

(LXXIII.) Pour rendre ce que je viens de dire parfaitement intelligible, il faut ajouter quelques mots. En tête de chaque section de cantonniers, et du côté où les matériaux arrivent des carrières, on aurait un petit espace d'à peu près deux ares, sur lequel les approvisionnemens seraient déposés et emmétrés par tas d'environ dix mètres ; ils auraient d'abord été réduits par l'entrepreneur à environ dix centimètres de côté, afin de pouvoir être ensuite réduits à la grosseur voulue, à l'aide d'un petit marteau, ainsi que cela se fait avec tant de succès sur un petit nombre de points en France, et dans presque toute l'Angleterre. Le premier cassage devrait toujours avoir lieu à la carrière. C'est dans l'espace dont il vient d'être parlé que le cantonnier se rendrait pour se mettre à l'abri des bourrasques ou des pluies un peu longues : une petite cahutte en terre, gazons et branchages, dans le genre de celles des bergers, suffirait pour le garantir et lui permettre de casser assis et au petit marteau les pierres approvisionnées. Il pourrait, au besoin, arriver au même but avec une toile goudronnée, et en utilisant plus ou moins les tas de pierres, soit pour appuyer cette toile, soit pour la retenir lors des grands vents. Mais une cahutte vaudrait mieux.

(LXXIV.) Les personnes qui ont observé le cassage de la pierre avec les masses lourdes et à long manche ont dû remarquer que l'ouvrier donne souvent six à huit coups, et parfois davantage, avant de produire l'effet qu'il désire; les coups à faux sont très-nombreux, il est donc clair qu'il y aurait un grand avantage à adopter le cassage assis, en frappant sur une grosse pierre dure et en tenant de la main gauche le morceau à casser, et de la droite le petit marteau. (L'enclume employée dans quelques endroits me paraît du luxe.) Dans le système actuel, vouloir introduire cette méthode ne me paraît pas possible. En vain j'ai engagé et pressé de tout mon pouvoir les entrepreneurs pour obtenir d'eux qu'ils en fissent usage; j'ai perdu mes peines. Si, pour les y contraindre, vous diminuez les prix, ils feront mal l'ouvrage ou ils ne soumissionneront pas. Faisons d'ailleurs remarquer qu'un cassage très-menu, le seul qui convienne, ne peut être obtenu avec les masses à long manche qu'en perdant beaucoup de temps, c'est-à-dire à grands frais.

(LXXV.) J'ai supposé l'emploi de trois cantonniers par lieue, parce que je pense que c'est celui qu'exigeraient le plus grand nombre de routes ; mais il en est qui pourraient se contenter d'un seul, et faire usage à proportion d'une bien moindre quantité de matériaux, ou, pour m'exprimer d'une manière plus conforme au sujet, adopter un aménagement plus long. Ajoutons aussi que d'autres pourraient en exiger jusqu'à six et même huit, c'est-à-dire un tous les six cents mètres. Ne perdons pas de vue que ce sont les eaux qu'il faut chasser, et que ce n'est pas avec des matériaux, mais bien avec de la main d'œuvre, qu'on peut en venir à bout. Or, quand un roulage est très-fréquent, il a le temps de convertir l'eau en boue et de former une ornière, si le nombre des ouvriers n'est pas suffisant pour la disperser. Si le cassage des pierres, le passage des graviers au tamis ou à la claie, le répandage, quelquefois même une partie du transport à la brouette, ne suffisaient pas pour employer bien utilement, pendant la belle saison, les momens de loisir des cantonniers, on pourrait en avoir un de moins par lieue pendant les beaux jours, et l'occuper seulement pendant les six mois les plus critiques. Ceux qu'on emploierait de cette manière seraient, à proprement parler, des cantonniers d'hiver. Mais je doute que ce cas se présente jamais, et je pense qu'il vaudrait mieux courir la chance de perdre quelques instans en été, que celle de manquer de main d'œuvre dans un instant de pluie. On pourrait aussi dans le même but donner quelques congés, lors des moissons ou de quelques autres récoltes ; mais, je le répète, il vaudrait mieux ne pas le faire. Comme la main d'œuvre peut évidemment suppléer en partie à une quantité sensible de matériaux (cette quantité dépend d'une foule de circonstances accessoires), il en résulte assez de latitude pour qu'en diminuant le nombre de ces derniers, on puisse conserver toute la première. En deux mots, les indéterminées facultatives que présente le problème me paraissent bien suffisantes pour qu'il y ait moyen, dans toutes les localités, d'adopter une règle constante pour la main d'œuvre. Je pense que le cas arrivera plus souvent où il sera utile de fournir un peu d'aide aux cantonniers; si ce cas se présente, il conviendra que le secours donné n'ait pour objet que le cassage à la tâche de plus ou moins de matériaux. C'est le travail qui souffrira le moins de l'inexpérience du nouveau-venu.

(LXXVI.) Ajoutons quelques mots encore pour arrêter plus fixement les idées sur la proportion de la main d'œuvre. Sur une route départementale en bon état, mais un peu fatiguée, je pense qu'il faudrait un cantonnier pour trois quarts de lieue; mais souvent un par lieue, et parfois tous les cinq ou six mille mètres, pourrait suffire. La diminution des matériaux, ou plutôt l'augmentation de durée de l'aménagement, aurait aussi lieu dans ces circonstances, et de préférence même à la diminution de main d'œuvre. Quant aux routes royales, je crois que deux par lieue devraient être à peu près le minimum. Les cas où un seul pourrait suffire me paraissent aussi rares que ceux où le nombre de huit serait nécessaire. Comme je l'ai déjà fait remarquer, tout découle de l'usure annuelle, et de la largeur du chemin, ou, en d'autres termes, de la seule usure mesurée en mètres cubes par mètre courant, car c'est elle qui détermine la quantité de pierres à répandre chaque année, ainsi que l'aménagement, et c'est, à peu de chose près, aussi cette quantité qui doit fixer le nombre des cantonniers, puisque ce sont eux qui doivent la casser. D'après ce que j'ai dit (LXXI), les observations qui précèdent doivent s'appliquer également au cas où l'empierrement n'occuperait qu'une partie de la largeur des routes. En effet, le roulage restant de même, et l'usure étant à peu près proportionnelle à sa fatigue, il s'ensuit que les besoins doivent être les mêmes. Or ce qui différencie les deux cas, le voici : dans ce dernier, la fatigue s'exerce à peu près constamment sur les mêmes points, et les accotemens maintiennent sur les routes une humidité constante. Il résulte du premier de ces inconvéniens que, malgré l'abondance de la main d'œuvre, le roulage finit toujours par former quelques ornières ; elles peuvent sans doute être faibles et de peu de durée, mais elles ont toujours lieu, ce qui est déjà un grand mal. Il résulte du second que, pendant la mauvaise saison, ni une nuée d'ouvriers, ni les vents les plus desséchans ne peuvent parvenir à faire disparaître l'humidité ; en définitive, il faut donc au moins autant de matériaux et de main d'œuvre que dans le premier cas. Dans celui-ci, au contraire, la fatigue se distribue beaucoup plus également, et les dégâts de l'eau comme ceux de l'humidité sont plus faciles à éviter; ainsi, en résumé, différence médiocre dans les besoins, mais immense dans les résultats.

(LXXVII.) Les principes qui ont été précédemment établis peuvent, jusqu'à un certain point, comme nous allons le voir, être réduits en formules. Lors même qu'un phénomène, ou un assemblage connexe de phénomènes, sont encore à expliquer, il suffit que l'on connaisse quelques-unes des causes ou des circonstances qui les font naître, ou qui en sont la suite, pour qu'ils puissent déjà donner lieu à un commencement de théorie mathématique. La naissance de cette théorie peut servir à faciliter l'étude ultérieure de ces phénomènes; c'est un flambeau bien faible encore, mais, au milieu d'une obscurité profonde, il permet déjà de voir à quelques pas. L'entretien des routes va nous en offrir un exemple.

(LXXVIII.) On peut sans aucun inconvénient adopter une base fixe pour la grosseur du cassage, et nous avons vu que quatre à cinq centimètres devraient être sa limite. Nous avons vu également que des pierres cassées réunies en tas renfermaient généralement autant de vide que de plein. De ces deux données nous avons conclu que si, en répandant des matériaux, on met moins de quatre à cinq centièmes cubes par mètre carré, ils ne peuvent former après le tassement qu'une couche moindre de trois centimètres, et qu'alors ils ne sont pas seulement enfoncés ou écornés, mais qu'ils sont brisés, et d'autant plus finement que la proportion par

mètre carré est moindre. Or, comme il est du plus
haut intérêt, et pour les routes et pour le roulage,
que les matériaux ne soient brisés que le moins possible, nous en avons tiré cette première conséquence, qui nous paraît peu attaquable, que, *par
mètre superficiel, on doit toujours répandre au moins
quatre à cinq centièmes cubes de pierres.* Mais comme
la quantité d'approvisionnemens qu'exigerait ce principe est supérieure de beaucoup à celle que récla-
ment les besoins annuels, nous avons été conduits à
une autre conséquence, c'est que les routes doivent
être aménagées, ou, autrement dit, que pendant une
ou plusieurs années, elles doivent en partie se passer
de matériaux. De là s'en est suivie la nécessité de
connaître ce nombre d'années. Mais sa détermination dépend essentiellement du besoin de chaque
route, ou, autrement dit, de son usure annuelle ; il
a donc fallu étudier cette usure. Il est d'abord évident qu'elle est une fonction du roulage et des intempéries, mais surtout des pluies, puisque sans
l'humidité le roulage ferait peu de mal. Or la forme
de cette fonction, quelle qu'elle puisse être, est heureusement assez peu utile à connaître ; elle ne serait
d'ailleurs susceptible d'aucun emploi dans la pratique.
C'est l'expérience seule qu'on doit consulter pour la
détermination de l'usure, et l'expérience démontre
que sa limite *maximum* est assez faible. Au surplus,
quelle qu'elle soit, si on représente par e son épaisseur mesurée en mètres, le nombre d'années de l'a-
ménagement étant a, on aura :

$$a = \frac{0,03}{e}$$

Attendu que o. o3 est l'épaisseur que procurera un répandage exécuté comme il a été dit ci-dessus, la valeur de *e* devra, pour chaque localité, être déterminée par l'expérience ; mais je pense que sur une route passablement soignée sous le rapport de la main d'œuvre, elle n'égalera jamais o. o3, quel que soit d'ailleurs le roulage ; que souvent elle sera moindre d'un millimètre, et que communément elle n'excédera pas cinq millimètres.

(LXXIX.) Nous avons vu que les eaux de pluie étant la vraie cause destructrice des routes, ce n'est qu'avec une grande quantité de main d'œuvre journalière qu'on peut les entretenir le plus économiquement et dans le meilleur état possible. De là et de quelques autres données accessoires s'en est suivi l'établissement d'un grand nombre de cantonniers sédentaires ; mais, en raison même de leur quantité, chacun d'eux aurait pendant l'été bien des jours de loisirs, pendant lesquels sa station n'aurait besoin de lui qu'accidentellement. Ce nombre de jours, nous l'avons consacré ainsi que ceux de pluie et de grands froids au cassage de tous les matériaux qui doivent être employés annuellement sur chaque station. Il est très-variable, et dépend essentiellement du climat et de la fatigue du roulage ; mais la quantité des matériaux est également variable par les mêmes circonstances, et comme la main d'œuvre peut jusqu'à un certain point leur suppléer partiellement, j'ai dit qu'il y avait plus d'avantages à faire varier leur quantité, et à regarder la main d'œuvre des cantonniers comme constante. Au surplus, quoi qu'il en soit à cet égard, représentons par j le nombre de jours que chaque cantonnier aura moyennement de disponible par an, y compris les instans où les intempéries le contraignent de ne travailler qu'au cassage. Nommons l la largeur connue de l'empierrement, t le traitement accordé annuellement à chaque cantonnier, et p le prix également connu de la pierre, déduction faite du cassage. Nous pouvons conclure de ces données et de celles du paragraphe précédent la dépense d'entretien de chaque route. Désignons-la par D pour une lieue de quatre mille mètres. On voit d'abord que l'usure générale sur toute cette lieue sera annuellement de quatre mille $e\,l$ mètres cubes. En raison des vides, il faudra pour la remplacer une quantité à peu près double de matériaux, c'est-à-dire huit mille $e\,l$; mais puisqu'ils doivent être cassés en un nombre de jours j par tous les cantonniers de cette lieue, et que chacun casse un mètre cube par jour, il s'ensuit que le nombre de ces ouvriers nécessaire par lieue sera égal à $\dfrac{8000\,e\,l}{j}$, et qu'en conséquence leur dépense annuelle sera de $\dfrac{8000\,e\,l}{j}\,t$. D'une autre part, les huit mille $e\,l$ mètres cubes de matériaux à fournir coûteront huit mille $e\,l\,p$; la dépense d'entretien sera donc

$$D = 8000\,e\,l\left(\frac{t}{j} + p\right)$$

Si, au lieu de supposer j connu, nous nous fussions donné le nombre de cantonniers établi par lieue, nous aurions eu, en appelant ce nombre c

$$D = c t + 8000\, e\, l p,$$

$$\text{et } J = \frac{8000\, e t}{c}.$$

Je ne chercherai point à donner plus d'étendue à ces aperçus; mais je n'ai pas cru devoir les omettre, parce qu'ils ne sont que la conséquence des principes émis précédemment. En parlant des chemins vicinaux, je citerai quelques exemples à l'appui de ces principes, et ils viendront les corroborer d'une façon remarquable; mais les bornes d'une simple notice ne me permettent pas de donner plus d'extension à ce sujet. Passons donc à l'examen du système de Mac-Adam.

(LXXX.) Les principes les plus remarquables qu'il renferme peuvent s'énoncer à peu près comme il suit :

1°. Une route quelconque doit être considérée comme un parquet artificiel, étendu sur le sol. Ce parquet exige beaucoup d'art et de loyauté dans le choix, la fourniture et la préparation des matériaux.

2°. Le premier objet qu'on doit se proposer est la solidité; le second est le dressement, le poli. Il n'y a que les corps fermes et solides que l'on puisse dresser et unir parfaitement.

3°. Il faut tenir le fond de la chaussée au-dessus du

niveau des eaux, et faire en sorte qu'il soit constamment sec.

4°. L'empierrement doit avoir pour objet de garantir ce fond de toute humidité; il doit par conséquent être parfaitement uni et imperméable, et être composé de substances inattaquables par l'eau.

5°. On ne doit jamais employer que des pierres de grosseur uniforme, et du poids d'environ six onces chaque.

6°. Il faut avoir grand soin de purger et de débarrasser les pierres dont on se sert de toute substance étrangère, comme terre, sable, glaise et marne. Ces substances conservent l'humidité, gèlent dans les saisons froides, se délayent dans les temps pluvieux, et forment de la poussière dans les temps secs. Il n'en est pas de même de la pierraille propre, bien sèche et sans mélange; elle ne saurait être altérée par aucune variation de l'atmosphère, et une route bien faite se trouvera également bonne dans toutes les saisons.

7°. Quand on répare une route, on ne doit point y apporter de supplément de matériaux avant de s'être assuré que la pierre sèche et nette qu'elle contient ne peut pas fournir une épaisseur de vingt-cinq centimètres. La pierre doit être arrachée de l'encaissement, bien nettoyée, puis cassée, de manière à ce qu'aucun morceau n'excède six onces, ou cent soixante-dix grammes.

8°. Après avoir bien préparé le fond de la route, il faut répandre la pierraille ou le cailloutage avec

le plus grand soin. C'est une opération délicate, et qu'il faut faire avec des précautions d'autant plus minutieuses que la qualité future de la route dépendra en grande partie de la manière dont on l'aura exécutée.

9°. L'usage de mettre des pierres plates au fond des chaussées, en guise de fondation, doit être abandonné. Que le sol soit de roc, qu'il soit marécageux, il n'en faut pas davantage. Il ne faut point non plus d'encaissement. Cet encaissement est comme un vase où l'eau est retenue. Le sol est détrempé, les roues des voitures ébranlent d'abord les grosses pierres, puis, finissant par les soulever et les déranger, elles culbutent entièrement la chaussée.

(LXXXI.) J'ai cru ne devoir citer du système de Mac-Adam que les principes ci-dessus, soit parce qu'ils en forment la base principale, soit parce qu'ils me paraissent les seuls dont il importe de faire voir l'exagération ou l'erreur. Je vais les examiner dans l'ordre où je les ai présentés.

(LXXXII.) Le premier précepte n'est à peu près qu'une définition fausse, une spécification, au moins très-inexacte, de ce que doit être une route. Dans cette occasion, comme dans plusieurs autres, la manière d'être des chaussées en empierrement est assimilée par l'auteur à celle des pièces de bois. Un pareil rapprochement arrive si brusquement sans aucune transition, il est si peu d'accord avec les faits, que personne jusqu'ici n'a voulu se donner la peine de le combattre. Je crois cependant devoir m'y arrêter un instant ; je dirai donc que le bois est essentiellement remarquable par la ténacité de ses fibres longitudinales, et qu'une chaussée en pierres n'a rien de semblable ; que l'élasticité du bois n'est rien moins que partagée par une réunion de pierres ; que la liaison intime de ses molécules a fort peu d'analogie avec celle purement mécanique de débris pierreux ; enfin, que la seule ressemblance assez frappante consiste en ce que ces deux espèces de corps sont l'une et l'autre attaquables par l'eau. Or ce n'est sans doute pas cette similitude qui a donné à Mac-Adam l'idée de sa comparaison. Quant à l'art et à la loyauté dans le choix, la fourniture et la préparation des matériaux, on a vu par tout ce qui précède combien il y a d'exagération dans l'importance qu'il leur accorde. Ce sont les grains de sel du Malade imaginaire. Sans doute ils exigent des soins ; quel ouvrage n'en demande pas ! mais ils sont par trop ordinaires pour que ce soit le cas d'en fatiguer l'attention.

(LXXXIII.) Le second principe me paraît susceptible des remarques suivantes : puisque, dans l'été, les accotemens mêmes peuvent supporter assez bien un fort roulage, il est clair que, sans l'effet des eaux, le problème de l'entretien des routes serait tout résolu. L'objet le plus important doit donc être l'imperméabilité, et non la solidité. Disons d'ailleurs que les corps fermes et solides sont loin d'être les plus faciles à dresser et à polir ; qu'il s'en faut surtout qu'ils soient les seuls susceptibles de l'être.

(LXXXIV.) D'après le troisième précepte, Mac-Adam veut que le fond des chaussées soit constamment sec. Nous allons voir, en examinant le quatrième, que cette condition n'est nullement indispensable. Celui-ci établit que l'empierrement doit avoir pour objet de garantir le fond de toute humidité. Or il est facile de démontrer que ce n'est nullement le but ni l'effet d'une chaussée. Si son objet était de garantir son fond d'humidité, il serait impossible d'y parvenir plus mal qu'avec un pavage, qui pourtant, sous le rapport de la solidité, laisse peu de chose à désirer. On a dit que les routes pavées étaient les moins perméables, mais il est facile de faire voir que c'est par erreur. Il n'y a pas de corps plus promptement et plus facilement perméable que le sable dont on se sert pour leur forme et pour leurs joints. Aussi quand on répare des routes de cette espèce, les trouve-t-on le plus souvent pénétrées de boue jusqu'au fond. Pourquoi donc est-il utile que l'empierrement soit imperméable ? Ce n'est nullement pour qu'il garantisse le sol inférieur, mais bien pour qu'il se protége lui-même. Nous l'avons déjà répété maintes fois, lorsque l'eau pénètre les matériaux, et surtout la pâte qui les unit, elle rend leur amalgame très-facilement séparable et mobile, ce qui est l'inconvénient le plus grave, celui qu'on doit le plus chercher à éviter. Si une chaussée était formée de deux couches ; que la première fût très-perméable, et que la seconde ne le fût pas, le fond de cette chaussée serait parfaitement garanti

de l'humidité, et il n'en résulterait pas moins, grâce
à la première couche, une détestable route. Pourvu
que le fond soit ferme et doué de très-peu de mobi-
lité, il peut sans inconvénient se trouver parfois ou
même habituellement humide. C'est pour la chaussée, et pour elle seule, que l'absence d'humidité est
importante.

(LXXXV.) Passons au cinquième principe. L'u-
niformité de poids est une vraie jonglerie qui ne mérite pas l'examen ; admettons donc que ce soit du
volume seul qu'on ait voulu parler, et arrêtons-nous
un moment aux conséquences de cette uniformité.
Tout le monde conviendra que l'un des points les
plus importans est d'avoir le moins de vides possibles dans les chaussées ; or l'expérience et le raison-
nement démontrent que, toutes choses égales d'ailleurs, la somme des vides est d'autant plus considérable qu'il y a plus d'égalité dans la grosseur des
corps superposés. Quand on tient, comme on le doit,
à diminuer les vides, il faut adopter pour principe
finesse de matériaux et grande inégalité de volumes ;
ce qui n'est rien moins que d'accord avec l'uniformité.

(LXXXVI.) Le sixième précepte a pour but la pu-
reté des pierres. Ce que nous avons dit (depuis le paragraphe LIII jusqu'au LXIII inclus) en a fait voir
l'erreur évidente ; je ne me répéterai donc pas, mais
je ne dois pas laisser passer sans la signaler cette assertion plus que singulière qu'une route bien faite,
avec de bons matériaux, doit être également bonne

dans toutes les saisons ; comme aussi celle que la pierraille propre , bien sèche et sans mélange , ne saurait être altérée par aucune variation de l'atmosphère. Ce sont des inexactitudes trop matérielles pour qu'il convienne de faire autre chose que de les énoncer.

(LXXXVII.) La réparation des routes fait la matière du septième précepte. Mac-Adam , tout en conseillant de les défaire pour la plupart , convient ailleurs qu'il est des cas où il serait trop dispendieux d'en agir ainsi. Il fait ainsi de l'exception ce qui doit faire la règle , et de la règle ce qui doit faire l'exception. Je puis certifier que les cas sont extrêmement rares où il conviendrait de démonter en entier une chaussée suffisamment épaisse. Si elle est très-cahotante et qu'elle ait vingt-cinq centimètres d'épaisseur, ou plus , il faut arracher la plupart des pierres saillantes, les casser et les répandre. Si elle a moins d'épaisseur, il suffit de lui fournir de nouveaux matériaux. Sur des chemins dans le genre de ceux des communes , qui ont reçu sans méthode des couches informes de gros matériaux , il peut être nécessaire de tout démonter, pour tout casser, mais c'est seulement lorsqu'il convient de faire des déblais ou des remblais , dans l'emplacement qu'ils occupent ; autrement il faut encore se borner à casser la couche supérieure.

(LXXXVIII.) Les précautions minutieuses qui font l'objet du huitième précepte ne peuvent que faire sourire celui qui a l'habitude de soigner les routes.

Sans doute il faut des précautions dans le travail qui en fait l'objet ; mais en vain vous apporterez toute la méthode possible à répandre et à remuer les matériaux ; en vain vous consacrerez beaucoup de temps à cette opération, vous n'en serez pas plus certain d'avoir mis chaque pierre dans la position qui lui convient le mieux. Un coup de rateau ou de pelle dérangera souvent à votre insu l'effet du coup précédent. En deux mots, la seule méthode bonne et économique consiste à n'exécuter ce travail que par petites couches d'environ huit à dix centimètres, et de trois semaines en trois semaines au plus tôt. Si l'on a la sagesse d'utiliser les débris de carrières, ainsi que nous l'avons dit (LIX, LXIII), l'ouvrage marchera beaucoup mieux encore, et surtout bien plus promptement.

(LXXXIX.) Dans le neuvième principe, Mac-Adam proscrit les pierres plates au fond des chaussées, et il les proscrit dans tous les cas indistinctement ; sur les terrains marécageux, comme sur le roc. Ici encore, je l'avoue, je trouve une exagération marquée. Que dans la plupart des cas, presque toujours même, on casse la pierre, il n'est pas douteux que les vides ne soient moins nombreux, et chaque morceau mieux assis, mieux affermi entre les joints de ses voisins, que sur une pierre plate qui en reçoit un certain nombre, et laisse toujours des vides entre eux et elle, s'ils ne s'écrasent. Mais, sur un sol de marécages, il ne peut y avoir à hésiter ; il est aisé d'ailleurs de diminuer l'inconvénient que nous venons de trouver aux pierres plates ; il suffit pour cela de couvrir leur lit d'une couche de débris de carrières de deux à trois centimètres d'épaisseur. On devrait avoir la même précaution quand on s'établit sur le roc ; dans ce cas, de la terre même peut suffire. L'ingénieur anglais rend compte ensuite de la manière dont il pense que les roues agissent sur les grosses pierres dont nous venons de parler ; et il est de fait que les choses se passent à peu près comme il le dit, lorsqu'on laisse dans un abandon et un dénûment complet une route à fondemens en pierres plates. Mais croit-il qu'un chemin qui n'aurait différé du précédent que par le cassage de toute la pierre se conduirait beaucoup mieux ? il se tromperait grandement. Ce dernier serait certainement encore plus mauvais. S'il était impossible d'empêcher les chaussées d'arriver parfois à un pareil état de dégradations, il serait préférable de leur donner des pierres plates pour fondement ; mais heureusement il s'en faut qu'il en soit ainsi.

(XC.) La méthode de construction la plus usitée en France consiste à répandre d'abord sur le sol une couche de gros matériaux, puis une seconde de pierres moins grosses, puis enfin une troisième de petites. Ce procédé est évidemment mauvais, car il donne lieu à une grande quantité de vides, et, comme nous l'avons déjà dit souvent, il importe au plus haut degré de les diminuer le plus possible. La méthode de Mac-Adam employée généralement aujourd'hui en Angleterre est préférable de beaucoup, et malgré lui, elle vaut encore mieux que ses principes; car l'uniformité de grosseur n'étant pas possible à atteindre, il se glisse toujours parmi les matériaux des pierres plus petites et plus variées, qui ont pour effet la diminution des vides. Quant à la suppression de l'encaissement, elle n'a le mérite d'être d'accord avec les autres préceptes que dans un cas qu'ils repoussent. En effet, si la chaussée est imperméable, comme ils le recommandent, et avec beaucoup de raison, il n'y aura point d'eau au fond, et l'encaissement n'aura pas l'inconvénient de la retenir; il n'aura donc cet effet que dans le cas de la perméabilité, c'est-à-dire celui des mauvaises routes. Or, comme il n'en faut point de telles, je n'examinerai pas même si pour elles il devrait être proscrit.

(XCI.) Ceci me conduit à examiner si, au lieu d'établir l'empierrement sur la largeur totale des routes, il ne serait pas préférable de laisser de chaque côté sur le bord du fossé une largeur en terre de trente à quarante centimètres; elle permettrait l'établissement de bordures en grosses pierres bien stables, et avec une seule arête saillante, genre de bordures les plus convenables. Au premier coup d'œil, on se sent disposé à l'adoption de ce moyen terme; mais, en l'examinant avec soin, on trouve que ses inconvéniens dépassent ses avantages. En effet, les deux portions en terre diminuent d'autant la largeur du chemin destiné aux voitures, et, eût-on même l'attention de les couvrir d'une petite couche de débris de carrière, elles ne pourront avoir ni l'imperméabilité ni la dureté d'un empierrement. Sans doute, ce dernier, au moment où il vient d'être fait, présente l'inconvénient de laisser rouler et ébouler dans les fossés une partie des pierres qui le composent, et il en est encore de même lors des rechargemens; mais si l'on a eu la précaution de ne répandre les matériaux que par couches, et d'attendre à chacune d'elles que le passage en ait un peu opéré le tassement et l'union, cet inconvénient sera considérablement diminué, et on aura alors une route excellente sur toute sa largeur. Parmi les personnes que séduit l'utilité des bordures, presque toutes les regardent comme les points d'appui, les culées d'une route; mais il faut bien se persuader que cet effet n'a lieu qu'au commencement de l'établissement d'une chaussée, et encore pour les seules parties qui les avoisinent; que ces bordures sont inutiles, et seraient même nuisibles, lorsqu'on répand couche par couche comme nous l'avons dit, et qu'enfin, lorsque le tassement est bien opéré, elles ne servent absolument à rien : mais revenons à Mac-Adam.

(XCII.) D'après votre manière de voir, me dira-t-on, son système n'est qu'un tissu d'exagérations ou d'erreurs; comment donc se fait-il que les routes d'Angleterre aient retiré un si grand fruit de son adoption? Rien n'est plus facile à expliquer que cette apparente contradiction. Le système dont il s'agit est de fait un assemblage d'erreurs et d'exagérations; mais au milieu d'elles, et comme noyées dans la boue, se trouvent trois des conditions les plus importantes qu'exigent l'établissement et l'entretien des routes. Ces trois conditions sont : 1° l'imperméabilité ; 2° la finesse des matériaux ; 3° la grande quantité de main d'œuvre. La première et la plus indispensable peut être mieux obtenue encore que par les procédés de Mac-Adam, et nous l'avons fait voir dans nombre d'endroits (notamment aux LIX et LXIII). Il semble difficile de remplir la seconde d'une manière plus satisfaisante que par le marteau à main, et la troisième, ainsi qu'on va le voir, me paraît susceptible de grandes améliorations.

(XCIII.) Je n'ai qu'une idée imparfaite de ce qui se fait en Angleterre, au sujet du mode de distribution de la main d'œuvre. Mais, si je ne me trompe, les réparations y sont exécutées par des ateliers ; ce ne sont pas toujours les mêmes ouvriers, et ils ne sont pas assidûment sur chaque partie de route. S'il en est ainsi, je dis que ce mode est très-imparfait. Lorsqu'une route est en bon état, il faut, pour l'y maintenir, des soins extrêmement disséminés ; deux individus voisins l'un de l'autre ne peuvent que se gêner et perdre beaucoup de temps ; l'agilité même, la dextérité, sont plus utiles que la force. A la suite de chaque pluie, il faut que l'ouvrier soit pour ainsi dire partout, afin d'éloigner et de disperser les eaux dans le plus court espace de temps possible. C'est après les pluies, on ne peut se lasser de le dire, que la main d'œuvre est surtout indispensable. Or comment un atelier pourrait-il, en pareille circonstance, ne pas perdre beaucoup de temps? Les ateliers ne sont convenables que lorsqu'il y a beaucoup d'ouvrage à faire sur un espace de terrain peu étendu ; mais ils ne peuvent convenir toutes les fois que le travail est très-disséminé, que son point d'application n'est pas bien distinct, que son objet même est vague, et embrasse plus d'un genre de soins et d'occupations. Dans tous les cas de cette nature, l'ouvrier isolé, quoique moins bien surveillé, et susceptible par conséquent d'un peu plus de relâchement, est infiniment préférable. Il est également d'un haut intérêt que ce soit, autant que faire se peut, toujours le même manœuvrier qui soigne la même station ; il s'y intéressera davantage, et on lui apprendra à la considérer comme sa propriété ; il l'étudiera avec soin ; il saura que quand il pleut par le vent du nord, c'est telle et telle partie, plutôt que telle autre, qui réclame son travail ; qu'il devra s'y prendre de telle et telle manière ; que si c'est par un autre vent, il aura d'autres portions à soigner et une autre manière d'agir, etc. Quant à l'assiduité, je n'ai pas besoin de faire remarquer combien elle doit être utile. D'après ces considérations, je suis fortement disposé à croire que la main d'œuvre employée sur les routes en Angleterre ne l'est pas, à beaucoup près, de la manière la plus économique et la plus fructueuse. En résumé, le système anglais a dû et doit procurer des routes fort bonnes, parce qu'il renferme en lui une partie des élémens qui constituent la meilleure méthode d'établissement et d'entretien des routes ; mais, d'après ce que nous avons vu, il s'en faut qu'il doive être pris pour modèle. Rappelons, au surplus, quelles doivent être les bases d'un bon système sur cette matière.

(XCIV.) 1° Les routes doivent être formées et entretenues avec des pierres cassées assez fin pour n'avoir pas plus de quatre centimètres de côté. 2° Il convient toujours, quand on le peut, de les mélanger de débris de carrières, et surtout de celles de pierres calcaires dures et à grains fins. 3° Sur des routes peu fatiguées, la dureté des matériaux est d'une médiocre importance, mais sur celles qui sont très-fréquentées et par un fort roulage, elle peut procurer des avantages très-marqués. 4° Les meilleures pierres sont celles à grains fins et durs, et celles de nature calcaire sont préférables. 5° Les empierremens doivent occuper toute la largeur des routes, et ne jamais avoir de banquettes entre les fossés. 6° Ils doivent être formés par couches d'au plus cinq à dix centimètres, et l'une d'elles ne doit suivre l'autre que lorsque la circulation a commencé à affermir cette dernière; le mélange de débris de carrières facilite singulièrement ce résultat. 7° Le printemps est l'époque la plus favorable pour commencer ce genre de travail. Quand on l'exécute plus tard, il est de la plus haute importance qu'il soit achevé assez de temps avant les pluies, pour que l'intérieur soit bien affermi, et que la surface ait eu le temps de devenir polie et lisse, et de se prêter ainsi plus aisément à l'écoulement des eaux. 8° Pour l'entretien, il faut répandre les pierres et les débris de manière qu'ils soient écrasés le moins possible, et ne forment corps entre eux qu'en se pénétrant et s'écornant. Il faut donc que les couches aient rarement moins de quatre centimètres d'épaisseur au moment du régalage; cette épaisseur après le tassement donnera toujours une couche de deux à trois centimètres. 9° Comme l'usure annuelle est bien rarement d'un centimètre de hauteur, et que souvent elle n'est pas d'un millimètre, il suit du mode de répandage précédent, qu'il faut de nécessité aménager les routes. Nous avons indiqué la manière de déterminer le nombre d'années de cet aménagement. 10° L'imperméabilité est la première condition qu'une route doit remplir; la dureté ne vient qu'ensuite, et le plus souvent même elle n'est que d'une médiocre importance. Il en est ainsi pour les chemins vicinaux, les routes départementales et une partie de celles royales. Des pierres de dureté médiocre peuvent leur suffire, et souvent même valent mieux. 11° Les accotemens, lorsqu'on les fréquente, sont peu utiles; et quand ils sont trop pénétrés d'eau pour servir à la circulation, ils sont fort nuisibles par l'humidité qu'ils entretiennent; ils devraient donc être supprimés partout. 12° Dans l'été, et quand il ne pleut pas, les routes de terre même étant fort belles et résistant bien au roulage, il s'ensuit que plus promptement on parviendra à se débarrasser des eaux, et mieux on maintiendra les routes en bon état. Il est donc bien utile d'éviter la formation des ornières, attendu qu'elles retiennent ces eaux. Cet objet est d'autant plus important qu'il en coûte toujours plus pour réparer une dégradation que pour la prévenir. Il résulte de là qu'une main d'œuvre journalière et abondante est indispensable, et que l'institution des cantonniers sédentaires est la meilleure garantie qu'on puisse trouver pour le bon entretien des chemins de toute espèce. 13° Mais pour que ces cantonniers soient suffisans pendant la mauvaise saison, il faut qu'ils soient beaucoup trop multipliés pendant les beaux jours; et comme cependant il est utile, sous une foule de rapports, qu'ils ne quittent jamais leur poste et soient employés à l'année, il faut trouver les moyens d'utiliser les loisirs que l'été doit leur laisser; de là la nécessité de leur faire casser les pierres qui chaque année doivent être répandues sur tout ou partie de leur canton. 14° Le cassage doit donc être effectué par les cantonniers; mais il importe de mettre à profit les temps de pluies fortes et de gelées, qui toujours sont perdus pour eux; mais, d'un autre côté, il est essentiel de ne jamais embarrasser les routes d'approvisionnemens quelconques; de là une autre nécessité, celle d'avoir en tête de chaque station et du côté d'où les approvisionnemens viennent de la carrière, un petit emplacement où il y aura toujours des matériaux non cassés, et où chaque cantonnier pourra, se mettant à l'abri sous une cahutte de berger, briser avec un petit marteau à main les pierres qu'il devra plus tard employer. 15° La méthode excellente et économique du cassage assis ne pourrait qu'avec beaucoup de peine être introduite autrement; la réduction à un très-petit volume, dont l'utilité, comme nous l'avons vu, est si grande, ne peut être obtenue que de cette manière. 16° Le répandage ne doit jamais avoir lieu par masse, tout à la fois, et de manière à gêner la circulation ; il doit se faire à des époques plus ou moins éloignées et pendant la belle saison, après quelque pluie ; il suffira, pour le transport sur place des pierres cassées, de trois ou quatre journées de voitures à deux chevaux par cantonnier et par an. Ce second transport ne sera donc généralement que fort peu de chose pour les entrepreneurs ; il pourra d'ailleurs se faire d'une autre manière. 17° Il existe divers moyens pour obtenir des cantonniers assiduité et travail, je les ai indiqués et je ne les répéterai pas. Je dirai seulement ici que de leur surveillance dépend essentiellement le bon état des chemins. Il ne faut pas craindre de leur donner un salaire un peu élevé. On paye toujours trop un mauvais ouvrier, et rarement assez un bon. 18° La pente en travers des routes doit être de trois à quatre centimètres pour mètre. Leur largeur, qui dépend uniquement de la fréquence de la circulation, doit être généralement comme il suit : pour les chemins vicinaux, de six mètres ; pour les routes départementales, de sept ; pour celles royales, de huit, neuf et dix, et pour les abords des villes, de onze à douze. A l'entrée des grandes cités on pourrait augmenter encore cette largeur, ou même y avoir une place, mais je pense que cette augmentation sera rarement nécessaire ; sans doute, les barrières d'octrois et les ponts à bascule forcent souvent les voitures de sta-

tionner à leur approche, mais dans ces localités aussi
la police est plus facile. 19° L'épaisseur que l'on doit
donner aux chaussées peut se borner à vingt-cinq
centimètres, et souvent même à moins; avec des
pierres que l'eau pénètre peu, avec l'imperméabilité de
la pâte qui les lie, et avec une main d'œuvre abondante, on peut empêcher les chaussées d'être jamais
pénétrées plus de cinq à six centimètres; il est donc
clair que l'on pourrait souvent, surtout pour les
chemins vicinaux et les routes départementales, restreindre encore cette épaisseur. 20° Si, malgré tous les
soins convenables, il pouvait exister des routes assez
fatiguées pour qu'il fût trop difficile en hiver de les
maintenir en bon état avec les moyens que nous
avons indiqués, ce que je suis loin de croire, il
ne faudrait toujours pas recourir à la méthode du répandage des matériaux dans les ornières; elle est trop
vicieuse. Mieux vaudrait exécuter une partie de la
route en pavés et l'autre en empierrement. Je ferai
observer ici que pour les pavages on ne se sert jamais
que de sable, c'est-à-dire du corps le plus perméable
qu'on puisse employer, et qu'il serait probablement
possible, ou de le remplacer par d'autres corps plus
convenables, ou de le mêler avec eux en certaines
proportions. Les débris de carrières passés à la claie
me paraîtraient devoir mieux atteindre le but qu'on
se propose, mais leur quantité est évidemment par
trop minime, pour qu'ils pussent suffire; et lors
même qu'on se bornerait à en faire une petite couche, et à les employer entre les pavés ou seulement

par-dessus, ils ne pourraient offrir une ressource suffisante. Ce n'est donc pas sur eux qu'il faudrait compter ; ils reviendraient d'ailleurs le plus souvent beaucoup trop cher. Une bouillie de chaux mélangée d'argile me paraîtrait pouvoir donner, par son union au gravier, un résultat satisfaisant ; mais il faudrait faire des essais. Au surplus, je ne veux pas revenir ici sur les observations que j'ai faites à cet égard en parlant des chaussées en cailloutis.

(XCV.) Ce que nous avons déjà dit jusqu'à présent me paraît devoir jeter beaucoup de lumière sur la question de l'établissement et de l'entretien des routes, mais il nous reste encore à examiner quelques points importans , et nous allons nous en occuper. Beaucoup de personnes regardent le tarif du poids des voitures comme la cause principale, et presque la seule, du mauvais état des routes. Je suis persuadé que c'est une erreur, et je ne fais pas de doute que si les travaux étaient conduits comme nous l'avons dit, elles ne pussent résister très-bien aux charges tolérées par ce tarif. D'après ce qu'on a vu, il me paraît difficile de ne pas convenir que toutes les routes ne soient traitées fort mal , tandis qu'elles pourraient l'être très-bien. Delà, déjà cette conclusion, que le tarif dont il s'agit est loin d'être la seule cause, la plus puissante même, de leur mauvais état. Répétons encore une fois que, pendant la belle saison, il est très-facile d'éviter les ornières sur les routes même les plus fatiguées ; si donc elles étaient imperméables, si encore les matériaux étaient employés de façon à ne pas être mis en poudre, si surtout la main d'œuvre était assez abondante pour faire écouler ou disperser les eaux, n'est-il pas évident que la différence entre les résultats d'hiver et d'été serait infiniment moindre? Joignons à cela maintenant l'infidélité de presque tous les préposés, c'est-à-dire les surchages souvent énormes qui en sont la suite, et nous commencerons à concevoir que le tarif peut bien ne pas être trop tolérant. Au pis aller, il faut bien convenir, dans tous les cas, que s'il doit faire partie des causes de dégradations, au moins n'y doit-il entrer que pour une part minime.

(XCVI.) On a accusé aussi l'inexécution des réglemens de grande voirie, et les dépôts multipliés qu'on rencontre presque partout. Il faut avouer que, sous ce rapport, la plupart de nos chemins sont vraiment hideux; et quand on songe que la voie destinée au public devrait être toujours et partout plus propre et plus nette que l'allée de jardin particulier la mieux soignée, on se demande comment il est possible de pousser l'incurie jusqu'au point où on le fait chez nous. C'est sous ce rapport que nous aurions à emprunter aux Anglais! c'est sous ce point de vue que nous devrions nous hâter de les imiter! Combien ne voyagerait-on pas avec plus de sécurité pendant la nuit! combien n'éviterait-on pas d'accidens, même pendant le jour! Hâtons nous cependant de le dire, cette inexécution des réglemens de police, si fâcheuse et si préjudiciable pour la commodité et la sécurité de la circulation, ne peut être considérée que comme un accessoire bien minime dans le mauvais état de la viabilité. Sans doute il y contribue, mais comme un filet d'eau à grossir une rivière.

(XCVII.) Je crois avoir passé en revue avec une attention suffisante presque tous les moyens donnés jusqu'à ce jour pour expliquer l'état fâcheux dans lequel se trouvent nos routes. Un seul me semble rester encore, c'est celui qui concerne les institutions, ou plutôt le corps des ponts et chaussées. Je me propose de l'examiner plus au long dans une autre brochure; mais, d'après le cadre que je me suis tracé, je ne puis me dispenser de lui consacrer ici quelques lignes. On a accusé le corps des ponts et chaussées d'être la cause première du mal; voyons donc jusqu'à quel point cette accusation est fondée. Établissons d'abord une distinction; est-ce à l'organisation de ce corps qu'on a voulu s'en prendre? est-ce aux ingénieurs? est-ce à tous deux? Pour juger l'organisation, il faut la connaître, mais dans ses détails pratiques, et non à sa simple inspection. Les ingénieurs sont donc à peu près les seuls qui puissent avoir des idées précises sur ses avantages et sur ses inconvéniens. Mais quels que puissent être ces derniers, on trouvera sans doute peu étonnant qu'ils n'aient pas été signalés par des hommes constamment occupés, et qui d'ailleurs ne l'eussent pas fait sans courir quelques chances. Si donc c'est l'organisation qu'on a voulu attaquer, il ne me semble pas que ç'ait été avec connaissance de cause. Passons donc aux ingénieurs.

(XCVIII.) Dans une position donnée quelconque, lorsque tout va mal, et constamment mal ; lorsque la cause de ce mal n'est pas évidente, palpable, ceux qui en pâtissent, semblables à l'être qui se noie, se prennent à tout. A côté des accusations les plus spécieuses, se placent les plus injustes reproches, souvent même les attaques les plus absurdes. Le mauvais état des routes nous en offre un exemple. Quelles explications n'en a-t-on pas données ! à quelles causes n'a-t-il pas été attribué ! Ceux-là même qui donnent à ces routes les soins les plus constans et les plus assidus n'ont-ils pas été l'objet de déclamations violentes ? A-t-on seulement cherché à se rendre compte de leurs efforts ? A-t-on parlé des causes qui trop souvent en paralysent ou en altèrent les effets ? Je m'arrêterai plus longuement à ces détails dans une autre circonstance ; mais ici, où je me suis spécialement proposé d'examiner les principes de l'art, je n'y donnerai que le temps nécessaire pour démontrer une injustice. Les ingénieurs des ponts et chaussées ne sont qu'une des phalanges de cette école dont la France s'honore, et que l'étranger lui envie. Serait-elle donc privée de cet amour du devoir, de ce zèle du bien public qui anime ses sœurs ? Partout un concert d'éloges les précède et les accompagne ; partout où le nom d'élève de l'école Polytechnique se fait entendre, un sentiment de bienveillance l'accueille ; on dirait que ce mot est le synonyme de l'homme utile, de l'homme dévoué à son pays ; on dirait..... Cette expression du doute échappe à ma plume, car ce n'est pas celle à laquelle est habituée mon oreille. Jusqu'à ce jour, brillante du passé et rayonnante d'avenir, elle marchait sans tache, sous la bannière de l'industrie et des sciences. Une attaque inopinée vient la chercher, où la trouve-t-elle? Sur les ateliers des canaux et des routes, dans les chantiers de la marine, au milieu des labeurs de toute espèce; comment y répond-elle? Comme Archimède au soldat de Marcellus.

(XCIX.) Loin de moi l'idée de vouloir étendre le crêpe sur ceux qu'il n'a pas enveloppés! Je n'ai cherché à les réunir que pour rendre plus manifeste et plus aisée à comprendre l'injustice de l'accusation. Après mêmes peines, mêmes sacrifices, mêmes chances, tous les élèves sont arrivés à ces amphi-théâtres studieux où ils n'ont puisé que les meilleurs principes, où ils n'ont reçu que de bons exemples; et tous en sont sortis pour suivre un petit nombre de sentiers consacrés à la chose publique. Par quelle fatalité ceux qui ont adopté l'un d'eux à dix, quinze, vingt ans de distance, mériteraient-ils tout à coup la réprobation? Placés aux extrémités oppo-sées de la France, ils ne se sont jamais revus; ils ne s'entendent peut-être pas pour mal faire! Sans doute il est des circonstances où des masses peuvent être frappées d'anathème; il en est aussi où elles peuvent mériter la couronne civique. Les routes sont mau-vaises, voilà tout le crime des ingénieurs. Mais les chemins vicinaux sont plus mauvais encore; est-ce aussi leur faute? Mais notre époque appelle des changemens, des réformes nombreuses dans le mécanisme social; est-ce une classe d'hommes aussi qui est la source du mal? Mais l'organisation municipale est en butte à mille attaques ; sont-ce les maires qui sont coupables? On me citera, sans doute, des ingénieurs paresseux, insoucians; mais quelles sont donc les réunions où personne ne faillit? Et, sous ce rapport, en est-il beaucoup qui fussent aussi peu attaquables que celle des ingénieurs? On a dit, et avec beaucoup de raison, que l'oisiveté est la mère de tous les vices; ne peut-on pas ajouter, avec autant de vérité, que le travail et l'étude en sont le fléau? et ce seul principe ne suffirait-il pas pour faire absoudre les ingénieurs?

(C.) Dans l'état actuel de la société, quand un individu a consacré toute sa jeunesse à l'étude; que ses parens ont fait des sacrifices considérables pour lui créer un état; qu'il a répondu à leur attente, ne lui est-il pas permis d'espérer qu'avec une bonne conduite il pourra, pour ses vieux jours et pour sa famille, amasser une modeste aisance? S'il n'en était pas ainsi, combien devrait être triste la perspective de la jeunesse! Qu'on cherche dans les ingénieurs qui sont arrivés ou qui touchent au terme de leur carrière, et l'on nous dira si trente et quelques années d'un travail assidu n'auraient pas mérité quelques douceurs de plus, quelques inquiétudes de moins à leur vieillesse! Que l'on jette les yeux sur la tête du corps, sur cette assemblée vénérable, où résident l'expérience et les talens; que l'on demande à ces hommes dont la vie entière a été consacrée au travail, au service public; qu'on leur demande s'ils sont éligibles, si même ils sont électeurs! Ceux-là seuls répondront qui par leur propre patrimoine, sont en état de le faire; mais ce n'est ni la munificence de l'État, ni les fruits de leurs loisirs qui leur ont acquis ce droit.

(CI.) On va sans cesse interroger l'Angleterre, et certes ce n'est pas moi qui la récuserai: j'emprunterais un bon exemple à Satan même, s'il le pouvait donner. Qu'on aille donc examiner chez elle le sort de ses ingénieurs! et l'on cessera de présenter aux nôtres la couronne d'épines. Dans cette courte défense, je n'ai point voulu faire rejaillir sur eux la gloire de quelques-uns des leurs; on m'eût offert des revers de médailles. D'ailleurs, je n'ai point cherché à éblouir; les raisonnemens n'ont pas besoin d'éclat, et si les miens sont justes, leur impression sera plus profonde que celle d'un reflet de lumière passager. Sans des défauts d'organisation dont je ne puis rendre compte ici, les ingénieurs eussent rendu de bien plus grands services à l'État; mais, malgré ces défauts, leur héritage est encore assez beau pour qu'ils puissent le revendiquer.

(CII.) J'ai détaillé avec des soins minutieux les principes qui doivent servir de base à l'établissement et à l'entretien des chemins, et l'on a pu voir combien ils sont simples et faciles à mettre à exécution. Mais, pour compléter la tâche que je me suis imposée, il me reste, d'une part, à dire comment il convient de traiter les routes dans leur état actuel, pour les rendre excellentes, et de l'autre à donner un aperçu de la dépense qui doit en résulter. A ce sujet, je ne manquerai pas de donner une idée des sommes énormes que le mode actuel d'entretien précipite en pure perte dans le néant. Avant de songer à guérir une plaie, il faut l'examiner et la sonder. Avant de réparer les chaussées il faut, par quelques fouilles, de distance en distance, reconnaître leur épaisseur et leur nature. On est généralement convaincu que cette épaisseur est partout trop faible; d'après ma propre expérience je crois que c'est une erreur. Mais ce qui n'est malheureusement que trop vrai en général, c'est qu'une grande partie de la couche supérieure n'est, à peu de chose près, qu'un détritus de particules fines, contenant fort peu de pierres; ce n'est pour ainsi dire que de la terre mélangée de quelques petits débris pierreux. En peu de mots ce que j'ai appelé la pâte de liaison y prédomine presque toujours au plus haut point, et quelquefois s'y trouve seul et presque sans mélange. Dans ce dernier cas, ce n'est autre chose que de la terre; et si, dans la belle saison, elle peut donner lieu à de bonnes routes, on juge aisément qu'il n'en peut être de même en hiver. Mais, dans la plus désavantageuse même de ces circonstances, faut-il tout bouleverser à l'instar de Mac-Adam? Ne faut-il enlever que la terre? N'en faut-il ôter qu'une partie? Rien, répondrai-je, rien, et les principes développés précédemment justifieront ma réponse.

(CIII.) La position est sans contredit bien fâcheuse ; mais quand on peut réparer d'une manière satisfaisante une vieille construction, on ne la détruit pas. Disons donc ce qu'il faut faire. Économie, simplicité et longueur de temps cheminent d'ordinaire ensemble ; dans le cas qui nous occupe, elles se quitteront peu. Lorsque le dessus de la chaussée est presque tout en terre, comme nous venons de le dire, il faut pourvoir à son amélioration, en le rechargeant d'une couche de pierres d'au moins quatre à cinq centièmes de mètre cube par mètre carré. Si l'épaisseur des détritus réduits à l'état de terre est un peu considérable, et qu'on fasse le répandage à l'issue de l'hiver, par un temps humide, les pierres s'enfonceront dans la pâte, et auront pour effet d'améliorer plus spécialement la couche qui suit la superficie. Si l'on fait le régalage à une époque où la terre soit plus ferme, les pierres s'enfonceront moins, et la superficie seule aura gagné. Sur des routes peu fatiguées, telles que les chemins vicinaux, la majeure partie des routes départementales, et beaucoup de celles royales, ce dernier procédé pourrait suffir, sauf à rapprocher l'aménagement un peu plus que dans les cas où la chaussée serait bonne sur toute son épaisseur. Quant aux localités où il existe un roulage abondant et suivi, je pense que le premier moyen doit être adopté exclusivement, et qu'il est même des circonstances où on sera forcé d'y revenir à plusieurs reprises. Il arrive souvent que l'on fait répandre les matériaux à la sortie de l'hiver, et quelques personnes en pourraient conclure qu'on se conforme alors aux principes que je viens de poser : ce serait une erreur. Les deux méthodes n'ont de ressemblance que l'époque ; ce sont deux personnes de même âge, l'une défaillante et sans force, l'autre pleine de fraîcheur et de vie. Toutes les fois que les tas de pierres approvisionnés sur les routes ne se touchent pas ou sont espacés de plus d'un mètre, leur longueur étant, comme il est d'usage, parallèle à l'axe de la route, on peut tenir à peu près pour certain, quelque époque qu'on choisisse, qu'il en résultera une mauvaise besogne. On donnera pour excuse qu'on ne répand que dans les trous, ou sur une surface peu considérable. Je répondrai d'abord que presque nulle part il n'en est ainsi ; j'ajouterai ensuite que c'est une méthode très-défectueuse que celle de régaler dans des trous et par places isolées ; que c'est le procédé le plus ennemi de l'uniformité de densité des couches, et qu'à moins de circonstances extraordinaires, et dans des cas désespérés, c'est toujours sur une surface unie, et sur toute la largeur de la chaussée, qu'il faut exécuter cette opération. Je pense que presque toujours on trouvera l'empierrement plus épais que vingt-cinq centimètres, mais que presque nulle part on ne trouvera sa couche supérieure à beaucoup près assez garnie de pierres, et cela en raison du mode vicieux de répandage. Si cependant il se présentait des cas passablement satisfaisans sous ce rapport, et où l'on trouvât environ moitié et même moins en petites pierres de deux à trois centimètres, ou plus, de diamètre, et le reste en pâte de liaison et gravier, on pourrait, en se réglant sur leur surcroît d'épaisseur, se borner pendant plus ou moins de temps au travail des cantonniers. Il peut arriver que la terre formée par les débris pierreux soit essentiellement perméable, et non susceptible de former isolément une bonne pâte de liaison. C'est, d'après mon avis, le cas le plus défavorable et le seul qui puisse exiger peut-être l'enlèvement d'une partie de la couche supérieure. Cependant je conseillerai toujours d'essayer d'abord les moyens indiqués ci-dessus. Si les pierres employées sont de nature à former une pâte imperméable, elles suffiront pour remédier passablement au mal, peu à peu et en quelques années ; si elles n'ont pas cette qualité, l'enlèvement de tout ou partie de la terre produira peu d'effet. C'est dans les localités assez mal partagées, sous ce point de vue, que des essais d'argile, de schistes, de tufs, peu ou point perméables, devraient être surtout tentés.

(CIV.) Nous avons dit plusieurs fois, dans le cours de cette notice, qu'une diminution dans la largeur des routes, et la suppression totale des accotemens, étaient deux conditions indispensables de leur rétablissement économique. Supposons donc qu'il s'agisse de la mise à exécution de ces deux modifications, et voyons comment il conviendra de les opérer. Il est d'abord évident que, sous presque tous les rapports, il est à propos que les chaussées existantes forment encore le milieu des routes, et qu'ainsi la diminution doit s'opérer d'une manière à peu près égale de chaque côté de l'axe actuel. Il semble probable également que le mode d'exécution le plus avantageux pour l'empierrement sera celui qui s'étendra à la fois sur toute la largeur de la route, sauf à embrasser chaque année une moindre longueur. Si donc on réduit à huit mètres la largeur totale, ainsi qu'on le peut en rase campagne, pour le plus grand nombre de routes royales, il s'ensuit qu'il restera généralement à empierrer environ trois mètres de largeur, ou un mètre et demi de chaque côté. Ce qu'il y aura de plus pressé, ce sera l'exécution des fossés, et, comme nous l'avons dit, on se gardera bien de les faire larges et profonds. Ce travail achevé et avant même l'exécution d'aucun empierrement, les routes auront déjà gagné, parce que l'écoulement des eaux sera plus facile, l'ouvrage des cantonniers diminué, et qu'ainsi qu'on ne peut trop le répéter, la partie délaissée de chaque côté ne sert jamais pendant la mauvaise saison. Rien sans doute n'empêche de faire marcher de front les deux opérations ; mais, comme il serait trop dispendieux de les faire simultanément partout, il faudra distribuer la dépense sur plusieurs années. Donnons donc une idée de ce qu'elle doit être à peu près par mètre courant. On peut calculer que l'ouverture des deux fossés coûtera rarement plus de trente centimes, ce qui revient à environ douze cents francs par lieue de poste. L'empierrement sur vingt-cinq centimètres d'épaisseur et trois mètres de largeur vaudra, tout compris, à peu près six francs, c'est-à-dire vingt-quatre mille francs par lieue. Cette dépense est énorme, j'en conviens, mais on ne peut trop se persuader qu'on n'aura jamais de bonnes routes avec des chaussées de cinq et six mètres de largeur, et avec des accotemens. Supposons que la dépense totale fût de vingt-cinq mille francs, et qu'on voulût la répartir sur dix ans, c'est-à-dire améliorer chaque année une lieue sur dix, il faudrait deux mille cinq cents francs annuellement, et en y joignant les deux mille francs environ d'entretien, cela ferait quatre mille cinq cents francs par lieue, tous les ans et pendant dix ans. On aura beau dire et beau faire, je suis profondément convaincu qu'on ne pourra parvenir d'une manière plus économique et plus sûre à changer nos détestables chemins en routes excellentes.

(CV.) Au point où nous avons conduit la question, le problème peut, à peu de chose près, se réduire à ceci : 1° donner aux chaussées le moins d'épaisseur et le plus de surface possible, de façon à ce qu'ayant une résistance suffisante, le roulage puisse en tout temps se distribuer indistinctement sur toute la largeur des routes ; 2° éviter autant que possible le broiement des matériaux, et faire en sorte qu'ils aient toute la durée que comportent leur nature et les fatigues qu'ils ont à supporter ; 3° enfin, employer la main d'œuvre de telle manière qu'aucun de ses instans ne soit perdu, que la plus petite dégradation soit réparée à l'instant, et que les eaux ne puissent jamais séjourner nulle part. Il se peut que je me trompe, mais je doute qu'il y ait possibilité de remplir ces trois conditions d'une manière plus économique et plus sûre que par les moyens que j'ai proposés.

(CVI.) Disons un mot des pertes annuelles qu'entraîne le mode vicieux d'entretien que nous suivons. Le plus dispendieux de ses défauts est, comme nous l'avons vu, de faire réduire les matériaux en poudre, au lieu de les conserver. Pour qu'il n'existât pas, il faudrait, comme on l'a dit, que les tas de pierres se touchassent, ou à peu de chose près, les uns les autres. Qu'on juge donc s'il existe bien des points en France où ce défaut n'ait pas lieu; aussi mon avis est-il qu'il n'y a pas un quart des fournitures qui soit employé d'une manière profitable. Si l'on veut s'en convaincre, on n'a qu'à piocher la superficie des chaussées, lorsque le *tassement et l'union* des pierres est tout-à-fait opéré, et l'on reconnaîtra sans peine que ce n'est point tassement et union qu'il faudrait dire, mais bien *écrasement.* Or si, au bout de quelques mois, on ne trouve plus à leur surface que de la terre, pour ainsi dire, je demande à quoi ont servi les matériaux. En faisant même abnégation de la perte de force employée par le roulage pour opérer ce brisement, perte qui n'est rien moins qu'à dédaigner, je crois pouvoir avancer, sans crainte d'exagération, que plus de la moitié de la dépense affectée à la fourniture des pierres est absolument perdue. Or, si l'on fait observer qu'en France les trois quarts des fonds destinés à l'entretien sont affectés aux fournitures; si, de plus, à la perte immense dont nous venons de parler on joint celles qui proviennent des autres défauts que nous avons signalés, on en conclura que la moitié au moins de la dépense affectée à l'entretien des routes leur est presque plus nuisible que profitable. Ainsi nous perdrions annuellement, et sans le moindre résultat utile, plus de trois millions, en suivant le système adopté depuis tant d'années.

CHAPITRE III.

Des Chemins vicinaux.

(CVII.) Les détails dans lesquels nous sommes entrés, en parlant des routes royales et départementales, abrégeront beaucoup notre tâche en ce qui concerne les chemins vicinaux. Leur état est généralement déplorable, et l'on a cru, comme on croit encore, que c'est aux institutions qu'il faut s'adresser pour obtenir un meilleur ordre de choses. Ce n'est certainement pas moi qui défendrai celles qui nous régissent, on en jugera par la brochure que j'ai annoncée ; mais je crois pouvoir prouver que, même en dépit d'elles, on peut encore obtenir facilement partout d'excellens chemins, et, à l'appui de mes raisonnemens, je citerai des exemples trop frappans pour qu'il soit possible de contester cette assertion.

(CVIII.) Comme l'amélioration des chemins vicinaux est confiée à des personnes qui ne connaissent pas la partie pratique de l'art ; comme cet art lui-même est encore dans l'enfance, on s'agite souvent beaucoup pour obtenir à grande peine de bien minces résultats. Par exemple, ne voit-on pas généralement mettre en première ligne l'élargissement de ces chemins? comme si cet élargissement devait combler les trous, détruire les ornières et faire écouler les eaux! Sans doute il est essentiel que ces chemins aient cinq à six mètres de largeur, mais ce qui l'est bien plus encore, c'est qu'ils soient rendus praticables. Or il existe un moyen aussi simple qu'économique d'arriver à ce résultat, et, d'après ce que j'ai dit des grandes routes, on le devine aisément.

(CIX.) Puisque l'eau est le seul ennemi des routes, il est clair qu'il faut un endroit pour la recevoir, et quelqu'un pour l'y conduire. De là, la nécessité des fossés et des cantonniers. Mais, ce n'est pas tout, il faut faciliter l'écoulement naturel, et, comme nous l'avons dit, donner un léger bombement au chemin; or ceux même qui sont dans le meilleur état sont presque tous privés de ce bombement; il faut donc le leur donner. De ce peu de mots va découler à peu près tout ce qu'il importe de connaître pour traiter convenablement les chemins vicinaux.

(CX.) La plupart des communes sont encore trop peu industrieuses, elles sont d'ailleurs, en général, trop pauvres pour qu'on puisse les engager à faire de suite tous les sacrifices qu'exigerait la mise en état de toutes leurs routes; mais elles peuvent arriver à cet état par degrés, et c'est, je pense, dans cette voie qu'il faut les guider. Les chemins de toute espèce ont besoin, comme nous l'avons dit, de peu de matériaux, mais de beaucoup de main d'œuvre; et la proportion de cette dernière doit être d'autant plus forte qu'ils sont plus mauvais. C'est précisément le cas de ceux des communes. Ainsi, au lieu de songer avant tout à se procurer de la pierre, comme on ne le fait que trop généralement, il faudra s'occuper de la main d'œuvre, et procéder à son emploi, comme il va être dit.

(CXI.) Prenons, pour exemple, une commune dont toutes les communications sont dans un état affreux, et supposons que leur longueur totale soit d'environ quatre lieues de poste. La première chose à faire sera d'y établir au moins deux cantonniers ; et voici quel sera leur travail. Comme il importe avant tout de pouvoir passer sans courir risque de verser, ils devront d'abord réparer tous les mauvais pas. Ainsi, dans un endroit, ils enlèveront un tertre, une hauteur ; dans un autre, ils combleront une excavation ; et s'ils se servent de terre pour cet objet, il faudra qu'ils exécutent le travail peu à peu, et laissent à la circulation le temps d'affermir chaque couche. Je n'ai pas besoin d'ajouter que les remblais ne doivent généralement se faire que depuis le commencement du printemps jusqu'au milieu de l'automne, au plus tard. Cet ouvrage fait, ils seront placés dans un des endroits les plus fréquentés et les plus mauvais, et voici ce qu'ils y feront : s'il s'y trouve de la pierre, ainsi que cela a lieu dans nombre de chemins, ils commenceront par l'enlever, et la mettre sur un des côtés, puis ils aplaniront le terrain en lui donnant un bombement en travers de quatre centimètres par mètre, ou d'un vingt-cinquième ; ils creuseront en même temps de chaque côté deux petits fossés ou rigoles, d'environ trente centimètres de largeur chacun, sur vingt de profondeur. Pendant que les voitures tasseront les terres, ils casseront les matériaux qu'ils auront trouvés dans les fouilles, et reprendront le même travail à la suite. De temps à autre ils répareront et uniront leurs premiers tassemens, que le roulage aura plus ou moins détériorés. Puis, lorsqu'ils les verront passablement comprimés, ils répandront par-dessus la pierre qu'ils avaient mise sur les côtés. Quand il se formera des ornières, ils les feront disparaître, ou avec le rateau, ou avec la pioche ; si leurs petits fossés se comblent, ils les nettoieront promptement ; s'il survient une averse, ils se hâteront de faire écouler les eaux. Dès qu'une partie de chemin aura été améliorée, il ne faudra plus l'abandonner ; autrement on perdrait bientôt le fruit du travail qu'on lui aurait consacré.

(CXII.) Mais on ne trouve pas de la pierre sur tous les chemins, et si l'on n'en met pas, la mauvaise saison fera bien du mal aux terrassemens déjà exécutés. Il faut donc, autant que possible, faire marcher de front les deux opérations ; de là la nécessité de faire quelques fournitures de matériaux. Lorsqu'il s'agit d'entretenir des chemins déjà empierrés, rien de plus facile que de donner des indications assez précises sur la quantité et la distribution de chaque nature d'ouvrage ; mais quand tout est à faire, il n'en est plus de même, parce que l'état des lieux exerce sur la question une grande influence, et que cet état est très-variable. Dans ce cas encore, cependant, il est utile de préciser, car rien n'est pire qu'un vague sans limite. C'est à celui qui dirige l'ouvrage à savoir modeler sur les localités les indications qui lui ont été données, comme exemples ordinaires. Donnons quelques idées à ce sujet.

(CXIII.) D'après ce que nous avons vu (XXXIX), il faudrait un mètre cube de pierre tous les quatre mètres courans, s'il s'agissait de l'entretien d'un chemin achevé, ayant six mètres de largeur; mais, afin d'aller plus vite en besogne, quoique d'une manière passablement sûre, on pourra ne faire d'abord le répandage que sur quatre mètres au lieu de six; il sera également possible, surtout si le terrain est d'assez bonne qualité, et passablement ferme et tenace, de mettre une couche moins épaisse; car ici il n'y a pas à craindre que le sol donne lieu au broiement de la pierre. On pourra donc se borner à disséminer un mètre cube sur sept mètres courans; et si l'on fournit aux deux ouvriers cinq cent soixante-dix mètres cubes, tout cassés et prêts à répandre, ils pourront améliorer la première année une longueur de chemin d'une lieue. Cette amélioration sera faible, sans doute, car elle aura employé bien peu de matériaux; mais si le chemin est peu fréquenté, comme le sont la plupart des chemins vicinaux, cela pourra suffire pour empêcher de fortes dégradations dans les travaux déjà faits.

(CXIV.) L'année suivante, les cantonniers ne pourront poursuivre aussi rapidement les réparations, attendu qu'ils auront à donner des soins à la lieue déjà améliorée. Il sera cependant à propos de leur fournir la même quantité de matériaux, mais ils l'emploieront différemment. Comme ils ne pourront prolonger que d'environ une demi-lieue leur ouvrage, ils en emploieront la moitié sur cette demi-lieue, et l'autre moitié sur le travail de l'année précédente; mais celle-ci ne devra plus être utilisée de même. Il sera à propos de lui faire occuper toute la largeur de la route et de ne plus embrasser par mètre cube que cinq mètres courans. Ce n'est pas dans une simple notice qu'il peut convenir de pousser plus loin ces détails. Il doit évidemment suffire d'avoir donné une idée claire et précise du mécanisme de l'opération.

(CXV.) Avec les quantités de matériaux et de main d'œuvre ci-dessus indiquées, on ne marchera pas vite; mais aussi les sacrifices ne seront pas grands. La dépense totale par année sera moindre de quatre mille francs; elle se perpétuera, il est vrai, pendant long-temps, lors même qu'on ne donnerait à l'empierrement que dix à quinze centimètres d'épaisseur. Mais quand il s'agit de créer des routes, il faut toujours compter sur des dépenses considérables. La méthode que j'indique, ayant pour objet de tirer des ouvriers et des matériaux le meilleur parti possible, il n'est pas douteux qu'elle ne doive apporter aux travaux une grande économie, mais il est impossible d'éviter que la dépense première ne soit toujours considérable. S'il faut peu de matériaux pour entretenir, il en faut beaucoup pour créer.

(CXVI.) Ce que j'ai dit (LXXIII) relativement au moyen d'utiliser le travail des cantonniers, pendant les mauvais temps, ne doit pas être perdu de vue, et on devra avoir grand soin d'y pourvoir constamment. Ce sera chose facile d'après les détails que j'ai donnés. Du reste, rien n'empêchera de s'occuper simultanément de l'élargissement et du redressement des chemins; installer de suite les cantonniers, c'est commencer par le plus pressé, c'est éviter les pertes de temps. Pendant qu'ils travaillent, on s'occupe des améliorations qui exigent l'intervention administrative; on avise aux moyens de se procurer des matériaux. Mais, on ne peut trop le répéter, les cantonniers sont aussi indispensables, et plus peut-être aux routes vicinales qu'à toutes les autres. Tout ce qui doit subir des dégradations journalières, de tous les instans, doit recevoir des réparations journalières, de tous les instans. Voulût-on maintenir en bon état un simple sentier, ce serait encore le même moyen qu'il faudrait employer.

(CXVII.) Il existe parfois des sols tellement mauvais pour l'établissement des chemins, que les moyens ordinaires ne peuvent suffire. Je crois utile de leur consacrer quelques lignes. Ce n'est pas des fondrières que je veux parler; celles-ci ne sont généralement qu'accidentelles, et elles ne peuvent trouver place dans un écrit qui a pour objet un simple aperçu d'ensemble. Les sols dont il s'agit sont d'une nature sablonneuse à grains très-fins ; ils n'ont ni liaison ni ténacité ; leurs particules se séparent en tous temps avec la plus grande facilité. Dans l'été, ils sont très-tirans, et ne sont pour ainsi dire que poussière. Dans l'hiver, les roues y pénétrent jusqu'au moyeu, et les animaux y enfoncent jusqu'au poitrail. Dans ces localités surtout, il faut se garder des fossés profonds, les terres s'ébouleraient trop promptement. De tous les moyens que l'on peut employer pour améliorer les routes qui les traversent, je suis persuadé que le plus économique et en définitive le meilleur est celui que je vais indiquer.

(CXVIII.) On aplanira passablement la surface de terrain sans lui donner aucun bombement ; on la couvrira ensuite de pierres plates fort larges, qu'on rapprochera le plus qu'on pourra, de manière à diminuer les vides. Chacune d'elles sera calée en dessous et simplement avec de la terre, de manière à bien l'affermir dans sa position ; on la battra même légèrement avec une hie de paveur. Les vides qui resteront devront être remplis autant que possible avec de la terre grasse humide, dans laquelle on intercalera des débris de pierres. Sur cette aire rendue ainsi passablement imperméable, on répandra une couche de débris de carrières, d'environ trois centimètres d'épaisseur, puis on la couvrira aussitôt de pierres cassées sur cinq à six centimètres de hauteur ; et lorsque cette couche aura commencé à former corps, on la fera suivre d'une seconde de quatre à cinq centimètres, à laquelle on mélangera, s'il est possible, au moins un quart de débris de carrières.

(CXIX.) L'épaisseur des pierres plates employées sera nécessairement variable, mais il suffira généralement qu'elle soit de six à dix centimètres. Les plus épaisses devront être réservées pour le milieu, afin de commencer déjà à créer le bombement de la partie supérieure; car s'il est utile que le fond sur lequel elles sont posées soit plat, il ne l'est nullement qu'il en soit ainsi de leur dessus. La base la plus unie de ces pierres devra être placée en dessous; elles en seront mieux affermies, et leur face supérieure étant plus raboteuse et plus inégale se liera mieux aux couches de matériaux qu'elle doit recevoir. Plus les cantonniers apporteront de soins à l'entretien de ces chemins, au commencement de leur confection, et même pendant les deux premières années, et mieux la durée de l'ouvrage sera assurée pour l'avenir.

(CXX.) Citons maintenant quelques exemples à l'appui des principes émis précédemment. Dans une commune du département de Saône-et-Loire, appelée Fontaine-lès-Châlons, le maire a eu le bon esprit d'établir deux cantonniers sédentaires, et telle a été la promptitude et l'évidence des bons résultats de cette mesure, qu'il n'y a pas eu dans tout le pays une seule voix qui ne s'en soit félicitée et qui ne s'en félicite chaque jour. Cette commune sise en plaine n'avait que des chemins affreux; ils ont déjà changé entièrement de face, et dans trois ans ils seront probablement les plus beaux de France. M. le sous-préfet de l'arron-

dissement, qui les a visités avec une attention particulière, est tellement convaincu de l'efficacité de cette
méthode, qu'il ne cesse d'engager les maires à l'a-
dopter. Demanderai-je maintenant si l'exemple donné
par ce maire ne mériterait pas quelque encouragement,
et si une récompense honorifique ne serait pas un
puissant moyen d'émulation? Quelle que soit la réponse, je pense que, dans l'état actuel des choses,
l'adoption unanime et prompte d'une semblable mesure ne pourrait être obtenue de sa seule bonté ; car,
grâces à l'inertie, il faut un temps bien long pour
répandre les procédés les plus utiles. Désire-t-on
n'employer que la persuasion, il sera certainement
possible d'arriver au but ; seulement il faudra beaucoup de temps et de patience. Veut-on marcher plus
vite, veut-on donner à la loi de 1824 la vie qui lui
manque, un article additionnel à cette loi devient
indispensable.

(CXXI.) Passons à d'autres exemples : lorsque les
routes de l'arrondissement de Châlons m'ont été
confiées, il y a cinq ans, elles n'avaient jamais eu
un seul cantonnier, et elles étaient dans un état hideux. Mon premier soin fut de solliciter leur établissement, et je l'obtins, non sans peine. L'amélioration
qui en fut la suite fut si prompte, qu'au bout de peu
de temps la même mesure fut étendue au reste du
département. Ces mêmes routes que j'avais reçues si
laides peuvent aujourd'hui marcher de pair avec les
plus belles de France; et cependant il est des parties

qui n'ont pas reçu de matériaux depuis peut-être quinze ans; et cependant, y compris la dépense de main d'œuvre, je n'ai pas dépensé annuellement cinq cents francs par lieue. Je demande pardon au lecteur d'avoir cité mon exemple, mais, dans les faits de cette nature, il n'est guère que ceux qui sont personnels que l'on peut attester avec confiance.

(CXXII.) Remarquons d'ailleurs que l'établissement des cantonniers présente des avantages indirects qui ne sont point à dédaigner. Il n'exige pas la rédaction de projets, l'intervention d'un architecte, toutes les démarches enfin qui dégoûtent les maires. La présence continuelle de ces ouvriers sur les chemins n'est pas propre à encourager les maraudeurs et les gens qui ne songent qu'à mal faire. En cas de besoin, le voyageur obtiendra d'eux l'assistance ou les indications qu'il en réclamera. Disons en outre qu'ils seront bien mieux, bien plus facilement surveillés que ceux des grandes routes, attendu qu'il n'y aura pas un habitant qui ne voie son intérêt à ce qu'ils travaillent avec assiduité.

(CXXIII.) Je m'étais proposé d'entrer ici dans plus de détails, mais cette notice est déjà beaucoup plus longue que je ne l'aurais voulu, et je me vois forcé de hâter le pas pour y mettre un terme; toutefois je crois en avoir assez dit pour faire voir que les principes, qui doivent donner naissance aux bonnes routes, sont extrêmement simples, faciles et peu nombreux; qu'il suffit d'en répandre la connaissance et de la rendre familière ; enfin que chacun doit bien se persuader qu'il n'est rien moins que nécessaire d'avoir fait des études longues et savantes, pour savoir très-bien réparer et entretenir les routes.

CHAPITRE IV.

Récapitulation sommaire, et conclusion.

(CXXIV.) J'ai examiné, dans les chapitres précédens, toutes les questions auxquelles me paraît pouvoir donner lieu l'état actuel des chemins en France ; et en raison de l'importance du sujet, je me suis appesanti jusque sur les moindres détails. J'ai commencé par faire voir que l'ancien système, qui comptait pour peu de chose la main d'œuvre journalière, ne pouvait plus convenir à notre époque ; et que celui qui l'a remplacé exigeait déjà une augmentation très-considérable dans cette main d'œuvre. Je me suis arrêté ensuite aux formes et aux dimensions qu'il est le plus convenable de donner aux routes, à la manière d'employer le travail manuel, et à l'institution qui en est l'objet. J'ai donné à cet égard des indications précises et circonstanciées ; je me suis ensuite occupé des causes gé érales de détérioration des chemins, et de leur mode d'action, ce qui m'a conduit à comparer entre elles les chaussées en empierrement et les chaussées pavées. Il est résulté de cette comparaison que, si ces dernières ont long-temps obtenu la préférence, leur infériorité doit s'accroître de jour en jour, et d'autant plus qu'on saura mieux tirer des premières tout le parti dont elles sont susceptibles. Après avoir prouvé que l'eau est à peu près le seul ennemi des routes, et qu'il en coûte beaucoup moins pour l'éloigner de suite que pour réparer les dégradations dont elle est cause, j'ai examiné la formation des empierremens, et la manière dont ils se dégradent. Cet examen nous a démontré que presque partout le répandage des matériaux se fait on ne peut plus mal, que l'on ne casse pas la pierre assez fin, qu'on la dissémine beaucoup trop, et qu'au lieu d'être utilisée, elle est broyée et réduite en poudre, au grand détriment du roulage qui exécute ce travail. Nous avons reconnu, par le même examen, que l'usure annuelle est beaucoup moindre qu'on ne serait disposé à le croire, et que moyennement elle n'est que de quelques millimètres. Ces considérations nous ont conduits à quelques modifications importantes dans le système d'entretien.

(CXXV.) Passant ensuite de la manière de faire à la nature des matériaux, je me suis longuement arrêté à la recherche de ceux qui sont le plus convenables, et j'ai fait voir qu'il existe une distinction utile à faire entre les pierres qui sont destinées à former la partie solide, la charpente des chaussées et la pâte de liaison qui doit les réunir, remplir les vides, et s'opposer à l'imbibition des eaux. Cette distinction nous a fait donner la préférence aux pierres calcaires qui, sous d'autres rapports, auraient moins valu que beaucoup de pierres siliceuses. Mais l'imperméabilité étant la condition la plus importante à remplir, et les pierres calcaires donnant des détritus qui s'imbibent plus difficilement et moins profondément, il est clair que, dans le mode actuel de faire les routes, elles doivent être préférées pour les empierremens. Pour les pavages, au contraire, les pierres siliceuses sont généralement supérieures.

(CXXVI.) De la meilleure espèce de matériaux, je suis passé au meilleur mode d'employer la main d'œuvre, de manière à ne lui laisser perdre aucun instant, et à avoir constamment sur chaque point de route un même individu, bien exercé, bien au courant de son travail, et toujours prêt à disperser les eaux au moment même où elles cessent de tomber. J'ai donné ensuite des indications approximatives sur la proportion à établir entre la quantité des matériaux et celle de la main d'œuvre.

(CXXVII.) Après ces détails je me suis occupé du système de Mac-Adam, et j'ai développé les erreurs et les exagérations qui lui servent de base. J'ai indiqué également la cause de ses succès, et fait voir que malgré ses défauts il est préférable au nôtre. J'ai donné ensuite un résumé circonstancié des principes que l'on devra sans cesse avoir devant les yeux, lorsqu'on voudra traiter les routes de la manière la plus sûre et la plus économique. Il en résulte que c'est une tâche facile, et que, pour la bien remplir, il n'est nullement nécessaire de beaucoup d'instruction.

(CXXVIII.) Pour compléter l'examen des causes du mauvais état de nos routes, il me restait quelques questions à traiter, et malgré le peu d'importance qu'elles avaient à mes yeux, j'ai cru devoir leur consacrer quelques instans. Il en résulte que si l'on réunit toutes ces causes, et qu'on les classe dans l'ordre où leur modification importerait le plus, on peut assurer 1° que la main d'œuvre journalière n'est généralement pas à beaucoup près assez abondante, qu'elle est mal employée presque partout, et qu'elle devrait être portée le plus souvent au double ou au triple; 2° que l'emploi des matériaux se fait d'une manière extrêmement vicieuse, qui les fait broyer et réduire en poudre au lieu de les conserver; qu'en les employant mieux, ils pourraient être économisés beaucoup; enfin que de ce vice seul il résulte une perte immense pour l'État. (Je n'ai mis ce défaut qu'en seconde ligne, parce que, malgré ses inconvéniens, la quantité de main d'œuvre indiquée précédemment suffirait pour le rendre moins nuisible); 3° que les chaussées sont trop étroites, toujours trop bombées; que le roulage fatigue beaucoup trop les mêmes parties; que les accotemens les entretiennent dans une humidité permanente; enfin que presque partout les routes sont sensiblement trop larges; 4° que, grâces à l'infidélité des préposés aux ponts à bascule, à laquelle il serait aisé de mettre un terme, toutes les routes sont fatiguées de surcharges énormes, et qu'en conséquence on ne peut rien conclure de leur mauvais état contre le tarif de chargement fixé par la loi; 5° que le voisinage des arbres et des plantations est très-préjudiciable aux chemins par l'humidité dans laquelle il les entretient; 6° que si le tarif cité accorde une tolérance trop grande, au moins est-il probable que son influence est bien minime, et qu'il conviendrait, avant de le modifier, de faire cesser les autres causes de dégradation; 7° enfin que l'inexécution des réglemens de voirie est poussée presque partout à un point vraiment déplorable; mais que son action est essentiellement locale, et ne peut être invoquée comme principe général.

(CXXIX.) Toutes les causes influentes de détérioration étant bien spécifiées, bien connues; j'ai dû m'arrêter un moment aux moyens de les faire cesser; mais comme c'eût été revenir sur les préceptes développés antécédemment, je ne l'ai fait qu'en peu de mots, et à peu près uniquement pour donner une idée de la dépense qui en serait la suite.

(CXXX.) Enfin j'ai terminé mon travail par quelques considérations sur les chemins vicinaux. Ce qui m'a constamment réussi, pour des routes affreuses, je l'ai conseillé pour eux; et, je crois qu'on ne peut trop le répéter, ce sont beaucoup moins les ressources qui manquent, que la connaissance des moyens qui doivent les utiliser. J'ai cité pour exemple une commune dont les chemins s'améliorent rapidement, et qui devra cet avantage à ces moyens, et non à la loi de 1824. Persuadé, comme je le suis, qu'on reconnaîtra

avant peu la justesse de ces réflexions, j'avais commencé à rédiger un manuel des maires fondé sur les
principes que j'ai développés. Mais des motifs dont
il est inutile d'entretenir le lecteur m'ont forcé de
suspendre mon travail.

(CXXXI.) En dernière analyse, j'ai isolé la partie d'art des institutions auxquelles elle est liée, et
je pense avoir démontré que l'on peut obtenir des
routes beaucoup plus belles que les nôtres sans dé-
penser plus, et sans toucher aucunement à ces institutions ; ou, si mieux on aime, que l'on peut dé-
penser beaucoup moins pour obtenir aussi peu. En
peut-on conclure qu'il convienne de ne pas toucher
à ces institutions? Je ne le pense pas, mais comme
je me propose de traiter ailleurs cette question, je ne
m'y arrêterai pas ici.

FIN.

<hr>

TABLE ALPHABÉTIQUE

DES MATIÈRES.

---

www.ingramcontent.com/pod-product-compliance
Lightning Source LLC
LaVergne TN
LVHW052026060726
842528LV00002B/643